国家中等职业教育改革发展示范学校建设成果
中等职业教育美发与形象设计专业系列教材

美发基础

主　编　杨琼霞　唐　静
副主编　朱喜祥　余腊梅

科学出版社
北　京

内 容 简 介

本书内容包括绪论（美发简史，美发用具、用品及行业卫生知识和安全知识，毛发生理知识）、洗发与按摩基础、盘发基础、修剪基础、烫发基础、漂染基础、吹风基础，一共7个部分。全书在编排上，采用项目+任务的形式，插入大量实操图片，每个任务都配有“说一说”与“练一练”，项目后有项目评价，从理论到实践，便于学生理解和掌握。

本书既可作为中职美发与形象设计专业教材，也可作为美发师的培训教材，还可作为广大美发爱好者的参考用书。

图书在版编目(CIP)数据

美发基础 / 杨琼霞，唐静主编 . —北京 ：科学出版社，2014.6

（国家中等职业教育改革发展示范学校建设成果 • 中等职业教育美发与形象设计专业系列教材）

ISBN 978-7-03-040483-1

Ⅰ.①美…　Ⅱ.①杨…　②唐…　Ⅲ.①理发-中等专业学校-教材　Ⅳ.①TS974.2

中国版本图书馆CIP数据核字（2014）第081573号

责任编辑：王　琳 / 责任校对：王万红

责任印制：吕春珉 / 封面设计：艺和天下

科学出版社出版

北京东黄城根北街16号

邮政编码：100717

http://www.sciencep.com

三河市骏杰印刷有限公司印刷

科学出版社发行　各地新华书店经销

*

2014年6月第 一 版　开本：787 × 1092　1/16

2024年8月第十次印刷　印张：7 1/2

字数：177 000

定价：49.00元

（如有印装质量问题，我社负责调换）

销售部电话 010-62136230　编辑部电话 010-62135397-2041

前　言

随着居民生活水平的提高，人们对“美”的要求越来越高，美发与形象设计行业成为真正的朝阳产业。发型作为“美”的重要体现，已经成为现代生活美的重要组成部分，并朝着时尚、健康、多元的方向发展。

本书是国家中等职业教育改革发展示范学校建设专业——美发与形象设计专业的核心教材。编者在编写本书的过程中，利用行业调研了解市场需求与发展趋势，参照国家职业标准制定专业教学标准，依据行动导向的职业培训理念，按照“任务引领，理实一体”的教学模式要求构建知识体系，改变了传统教材倾向理论化、学科化，与岗位实际脱节的弊端，从理论与实践两方面提高中等职业学生从事美发行业的能力和水平，特别强调动手能力的培养，具有较强的指导意义。

本书由杨琼霞、唐静负责策划、拟纲，并担任主编；朱喜祥、余腊梅担任副主编，具体编写分工如下：绪论由朱喜祥、余腊梅编写；项目1由唐静、付瑾、王咏梅编写；项目2由杨琼霞、罗滢、唐驰编写；项目3由唐静、王成麟、唐驰编写；项目4由唐静、罗均丽、梅东方编写；项目5由唐静、高虹萍、梅东方编写；项目6由唐静、余腊梅、唐驰编写。乔曼逸、张艳涛、王树林负责书中部分插图的绘制和照片的采集，杨琼霞、朱喜祥负责初稿的统筹、审稿，唐静、余腊梅负责定稿的统筹、审稿。编者在编写全书的过程中，得到了“全国技术能手”、“国务院专家特殊津贴”获得者——何先泽先生的鼎力支持和指导，在此，谨向其致以崇高的敬意和诚挚的感谢。

由于本书编写时间紧、任务重，本书难免存在不足之处，敬请读者批评指正，编者将不胜感激并定期进行修订，以期不断完善。

编　者

2014年5月

目　　录

绪 论

学习目标

1. 了解中西方美发简史。
2. 掌握美发工具的种类及用途。
3. 掌握美发用品的种类及用途。
4. 了解美发行业卫生及安全知识。
5. 了解毛发的结构及生长规律。
6. 了解发质的种类及其特征。
7. 掌握头发常见的问题及其改善方法。

0.1 美发简史

1. 中国美发简史

中国素有“文明古国”的美誉，五千年辉煌灿烂的文化孕育出丰富且多彩的美发历史。

(1) 先秦时期美发

原始社会时期，男女都蓄长发，随着生产力的缓慢发展，人们逐渐发现将头发盘绕在头顶更方便劳作，这种简单而粗糙的“盘发”可以看作美发的雏形。

随着生产力的发展，政治、经济、文化水平的进步，人们越来越重视自身的仪容。从夏商至西周，逐渐建立、完善了一整套的冠服制度，头发被赋予“礼”的意义，发式成为懂礼知礼的标志，束发梳髻逐渐成为一种普遍的发式。

春秋战国时期，诸子兴起，百家争鸣，社会思潮趋于活跃，衣冠服饰亦呈百花齐放之态，发式见图 0-1-1。

(2) 秦汉时期美发

秦汉时期，发式逐渐成为身份和地位的象征，出现了尊卑之分。贵族男子以冠罩髻；平民百姓则以巾帕盖髻，称为抹额。贵族女子的发髻趋于繁复，并搭配上奢华的装饰品；普通女子则以朴素的发髻为主，见图 0-1-2。

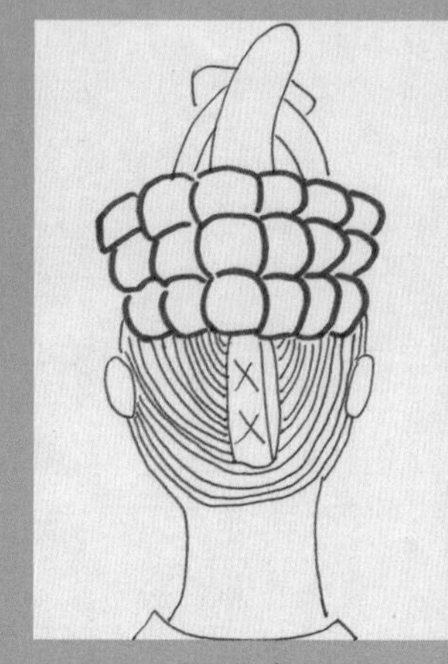
男子发式 1

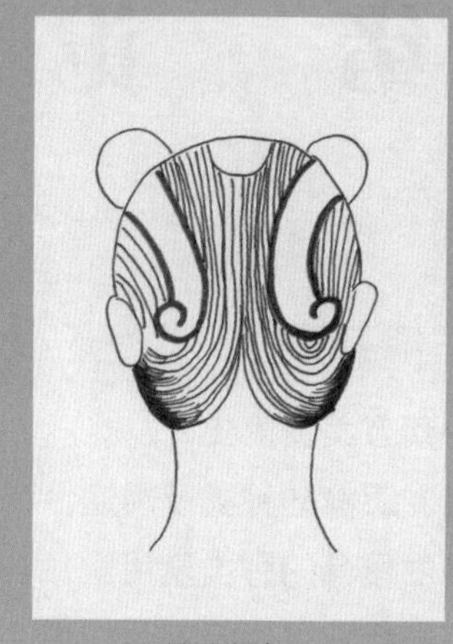
男子发式 2

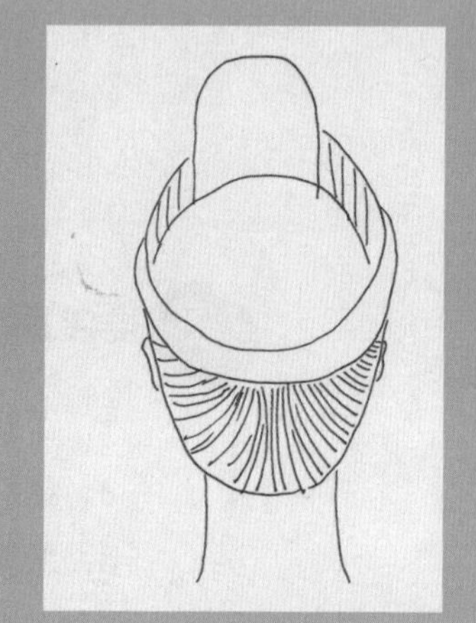
男子发式 3

图 0-1-1

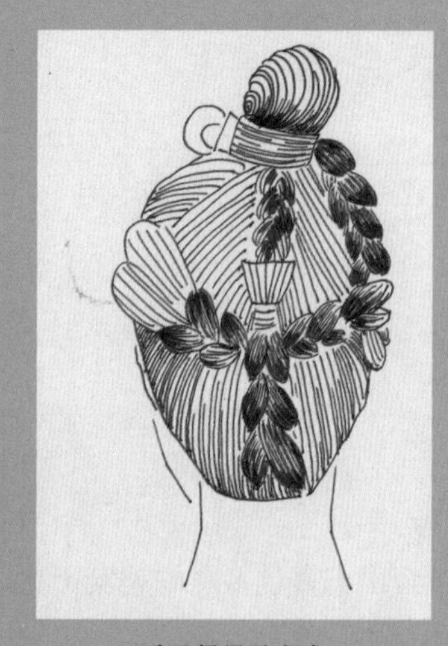
兵马俑男子发式

贵族男子发式

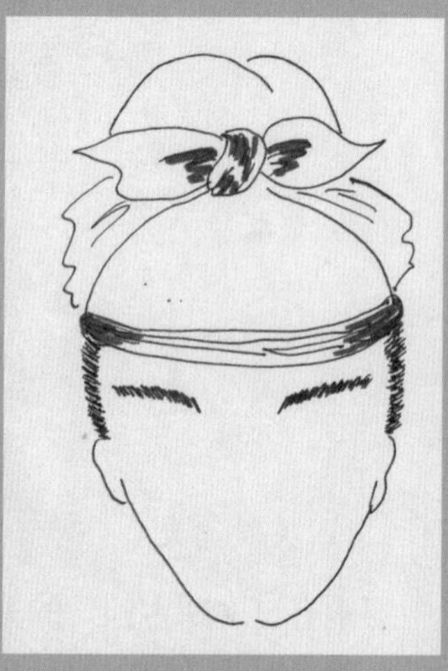
平民“抹额”发式

花簪大髻

椎髻

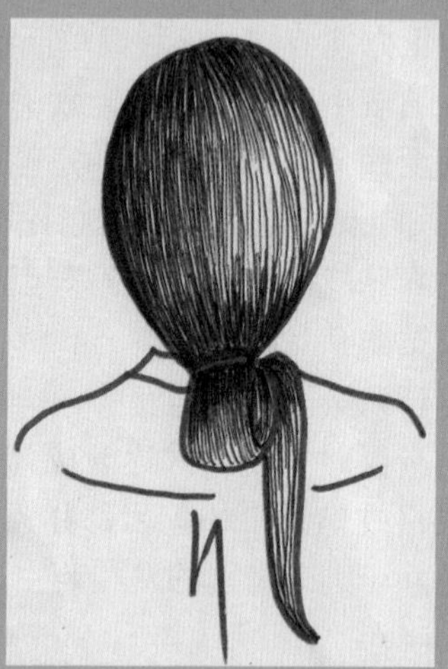
堕马髻

图 0-1-2

(3) 三国两晋南北朝时期美发

三国两晋南北朝时期，高髻开始在女子发式中盛行，见图 0-1-3，比较有名的有飞天髻、单环髻、灵蛇髻等。盘高髻仅靠自身的头发是不够的，于是假发的运用广泛起来。披发则重新得到男子的青睐。

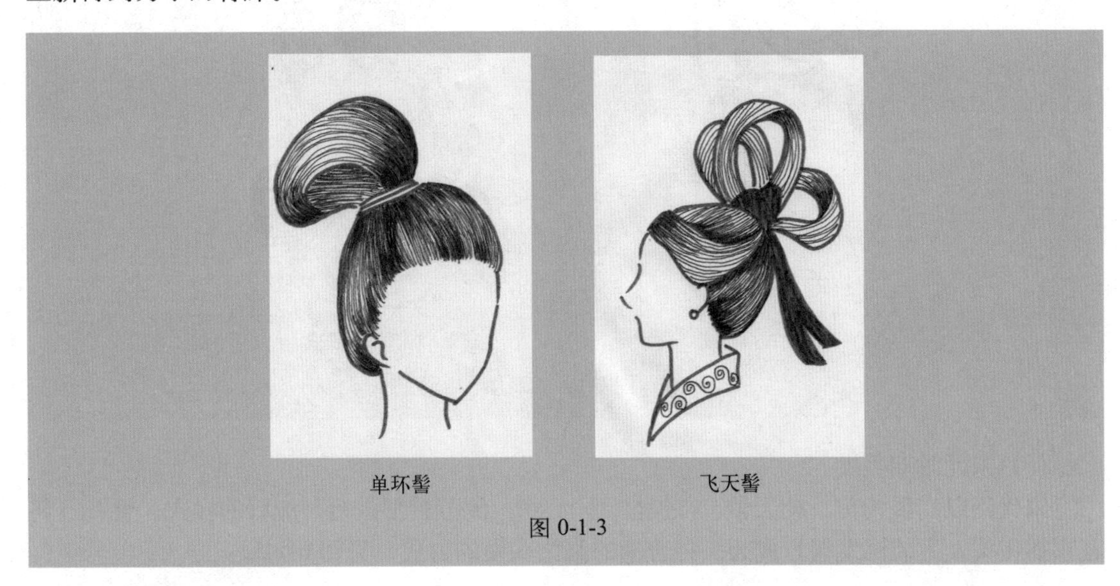

单环髻　飞天髻

图 0-1-3

(4) 隋唐时期美发

隋代发式比较简单，变化较少，一般为平顶式，将头发层层堆上，如帽子状，流行半翻髻、双刀半翻髻、望仙髻等。

唐代经济文化的空前繁荣，造就了锦绣华美的发式文化，无论数量还是质量都达到空前。见诸各类文献记载的唐代妇女发髻名目繁多，有盘桓髻、倭堕髻、椎髻、开屏髻、圆髻、垂环髻、云髻、丫髻、螺髻、双垂髻、乌蛮髻、三角髻、峨髻、高云髻、百合髻、布包花髻、簪花髻、望仙髻等百余种。唐代的高髻已由单纯向上高耸的样式转变为有种种变化的高髻样式，假发的使用更加广泛，饰物更加精美繁复，有的高髻还需要在头上放置胎具作支撑，见图 0-1-4。

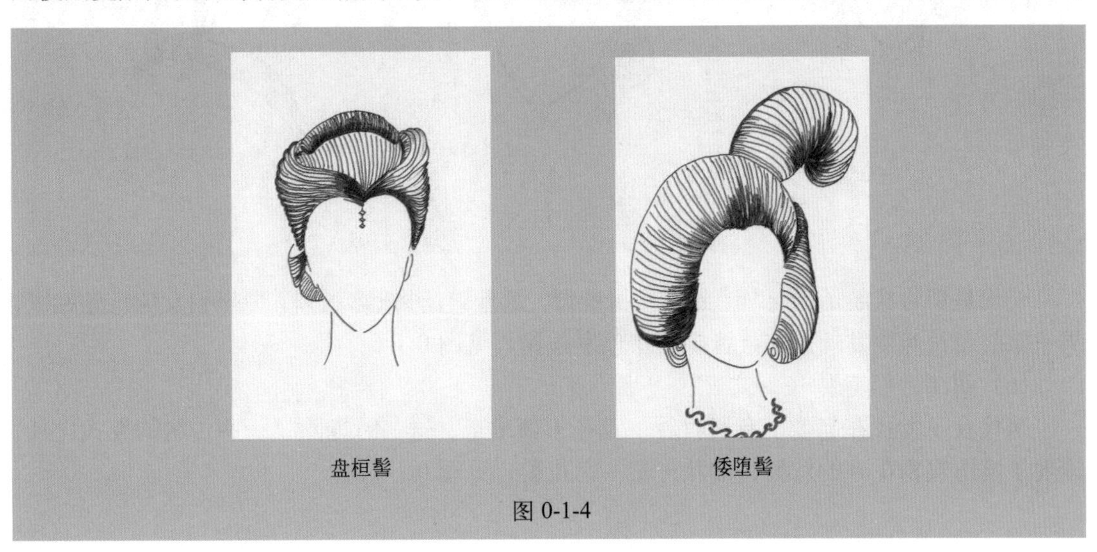

盘桓髻　倭堕髻

图 0-1-4

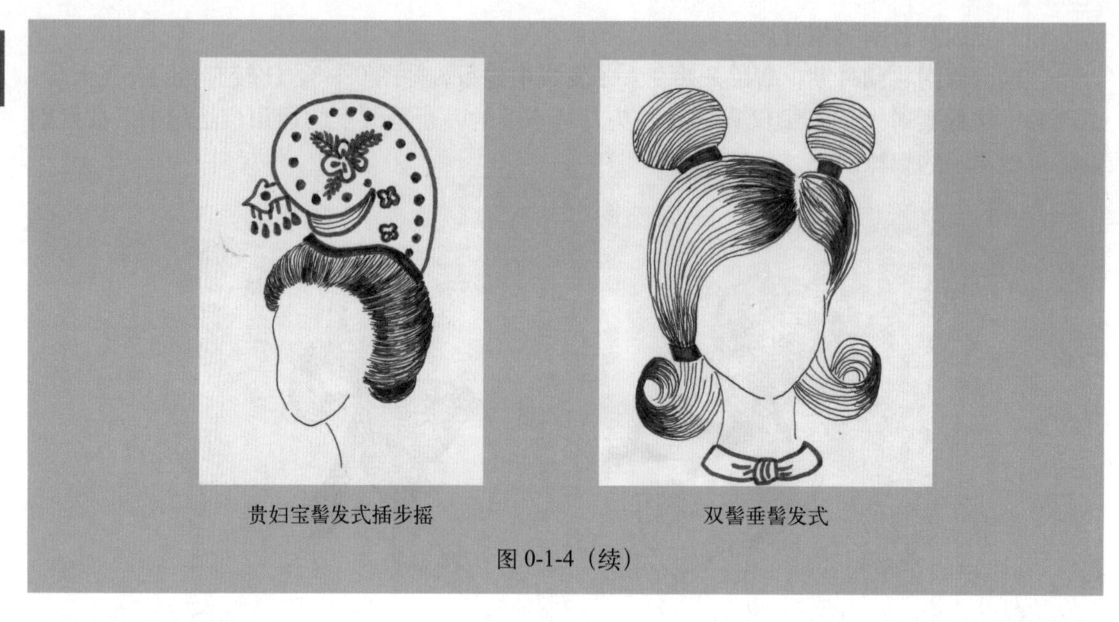

贵妇宝髻发式插步摇　　双髻垂髻发式

图 0-1-4（续）

（5）宋元时期美发

宋代仍以高髻为美。朝天髻、布包髻、同心髻、流苏髻都是当时流行的样式。簪花（将花卉插在头发上装饰发髻）成为一种普遍的修饰头发的方式，见图 0-1-5。

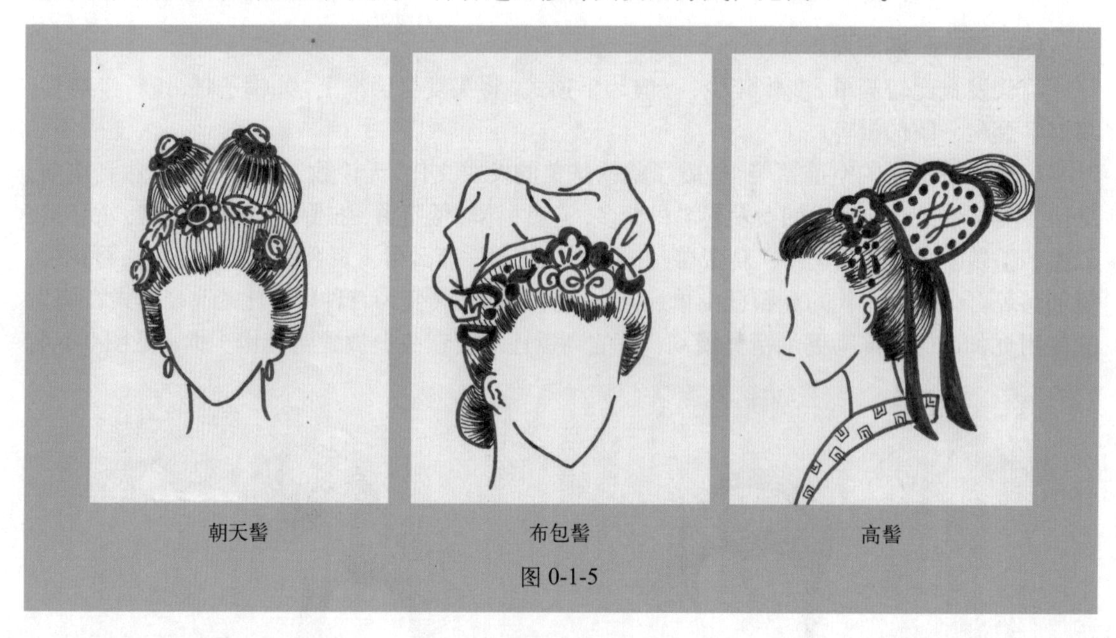

朝天髻　　布包髻　　高髻

图 0-1-5

元代是蒙古族统治的时代，妇女多梳椎髻、龙盘髻，少女多梳辫，贵州妇女流行姑姑冠，男子除前发及两侧发外，其余皆剃去，顶发戴帽，见图 0-1-6。

（6）明清时期美发

明代女子发式在高度上有所收敛，重在求新求奇。这一时期除了一些传统的发式之外，出现了模仿实物花卉的发髻，如牡丹髻、荷花髻，见图 0-1-7。

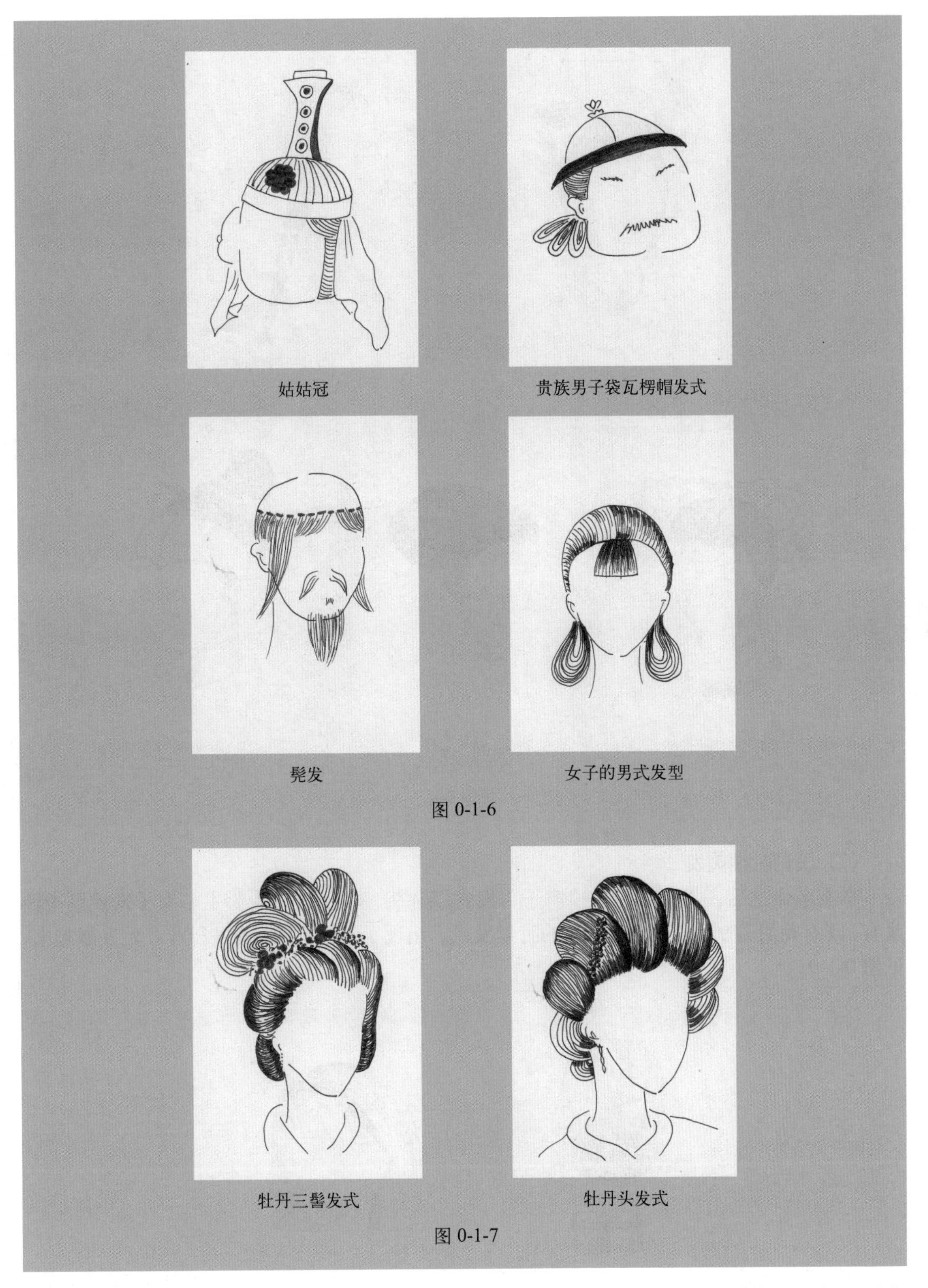

图 0-1-6

图 0-1-7

清代男子为辫子头，贵族妇女以“一字头”、“两把头”为主，平民妇女一般保留明代发髻样式，如高髻、螺髻、平髻、侧髻、后髻等，见图 0-1-8。

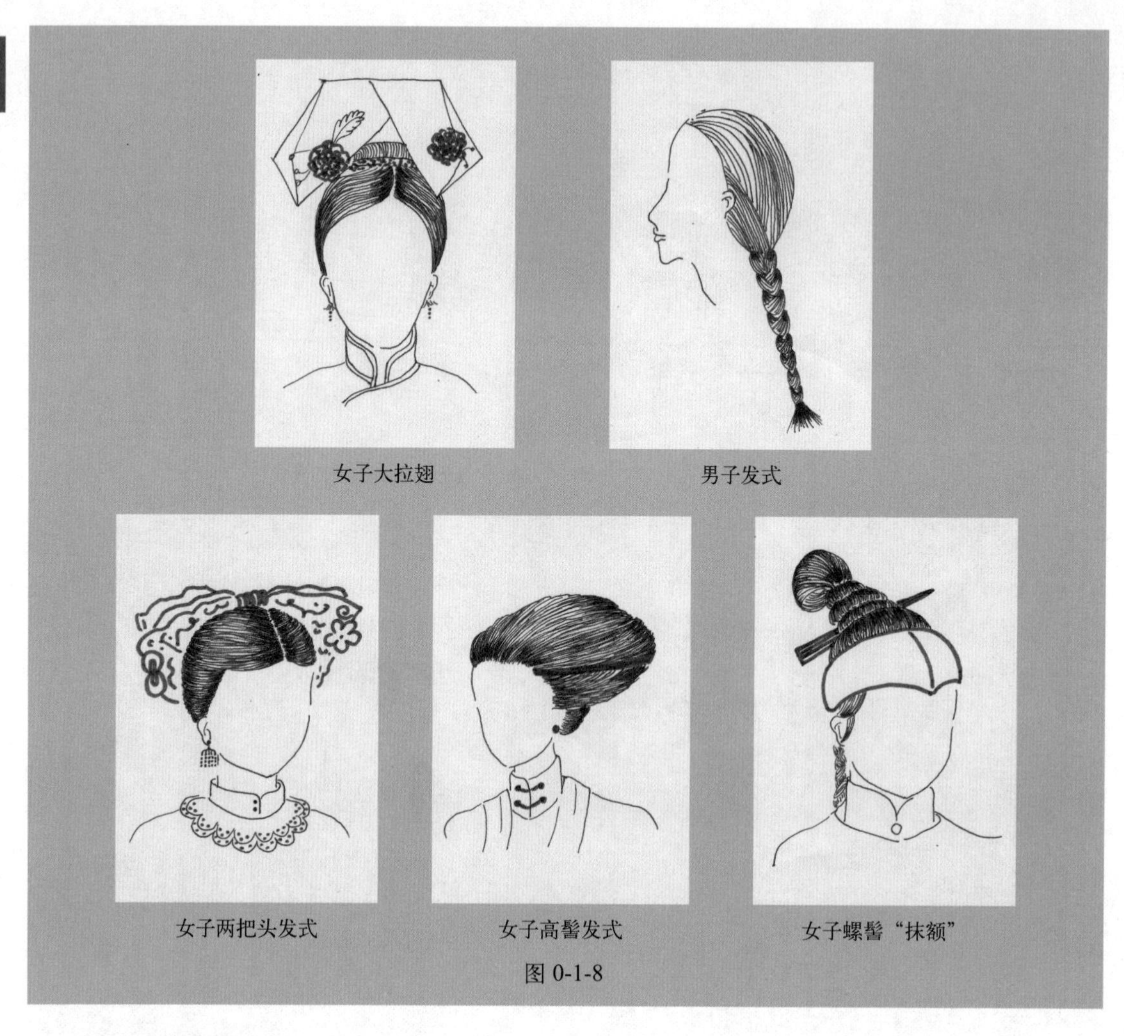

女子大拉翅　男子发式

女子两把头发式　女子高髻发式　女子螺髻“抹额”

图 0-1-8

（7）民国时期美发

辛亥革命之后，男子纷纷剪掉辫子，发式以背头、光头、分头为主；女子发式则中西兼有，既有晚清遗制，也有来自西洋的时髦发式。出现了女子理发，美发行业开始发展起来，见图 0-1-9。

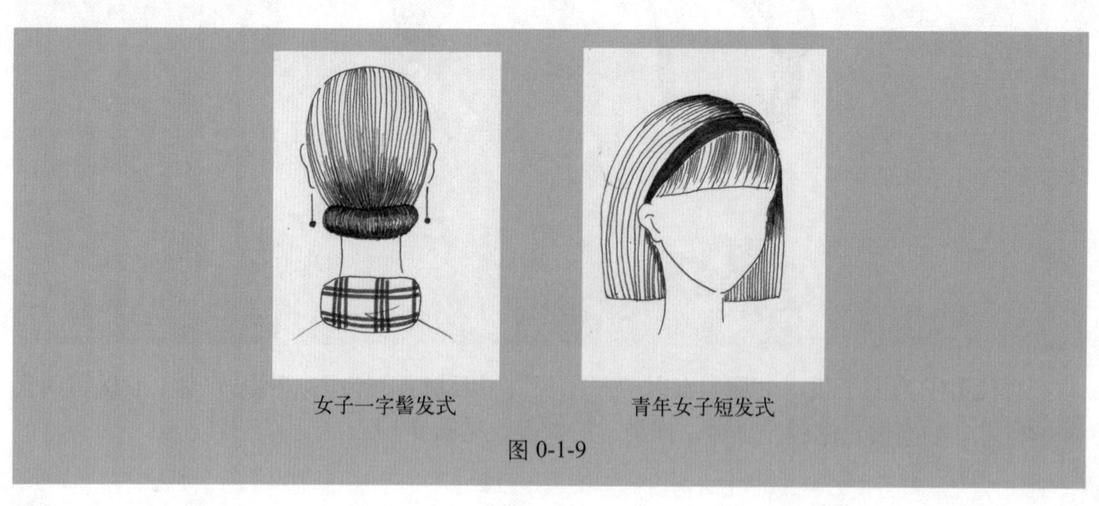

女子一字髻发式　青年女子短发式

图 0-1-9

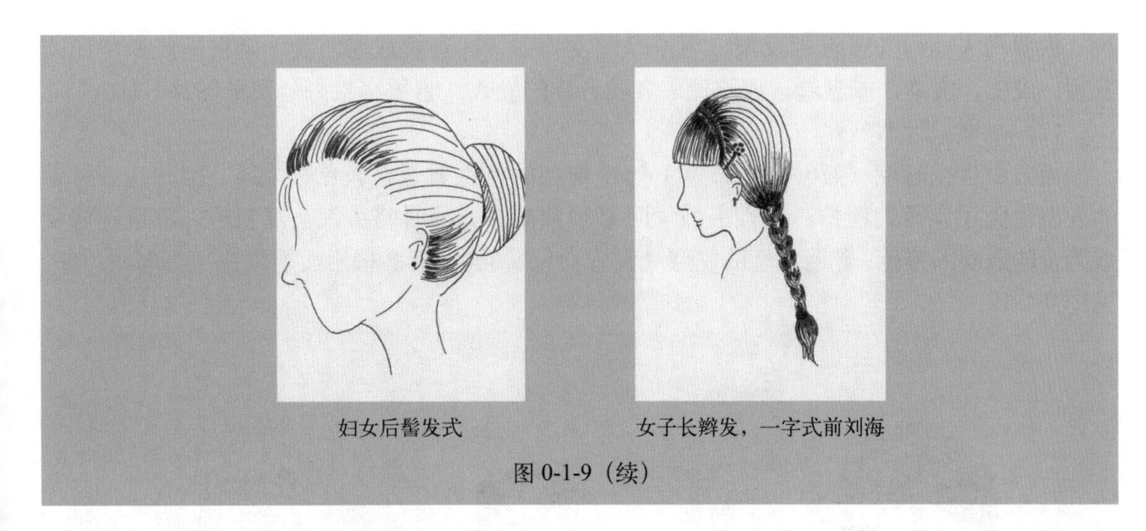

妇女后髻发式　　女子长辫发，一字式前刘海

图 0-1-9（续）

（8）新中国成立之后美发

新中国成立以后，随着经济的迅速发展，居民生活水平的日益提高，人们对发式的要求也越来越高。特别是进入信息时代，多元化的社会生活成为主流，发式也呈现多元化趋势。

2. 西方美发简史

同中国的美发历史一样，西方发式的演变也经历了一个漫长发展的过程，以下简要地进行介绍。

（1）5 世纪以前美发

我们先从古埃及人说起。公元前 4 世纪，古埃及人的发型以短发为主，进入王朝时代，假发开始盛行。原因在于，埃及的气候干旱缺雨，特别是在夏季十分炎热。因此，一方面，为了清洁，也为了遵从宗教仪式，男子剃光头发，女子剪短或剃光头发；另一方面，为了防晒和美观，他们又戴上假发。此外，染发已经出现，古埃及人喜欢将假发染成黑色。

古希腊人非常重视发型，见图 0-1-10。男子将头发剪短，并做成波浪卷，额头系发带或带头箍。女子留长发居多，或烫，或扎成发髻，佩戴各种缎带、串珠、花环以作装饰。这一时期，金色（现代的亚麻色）的头发广泛受到青睐，贵妇染发之风盛行。

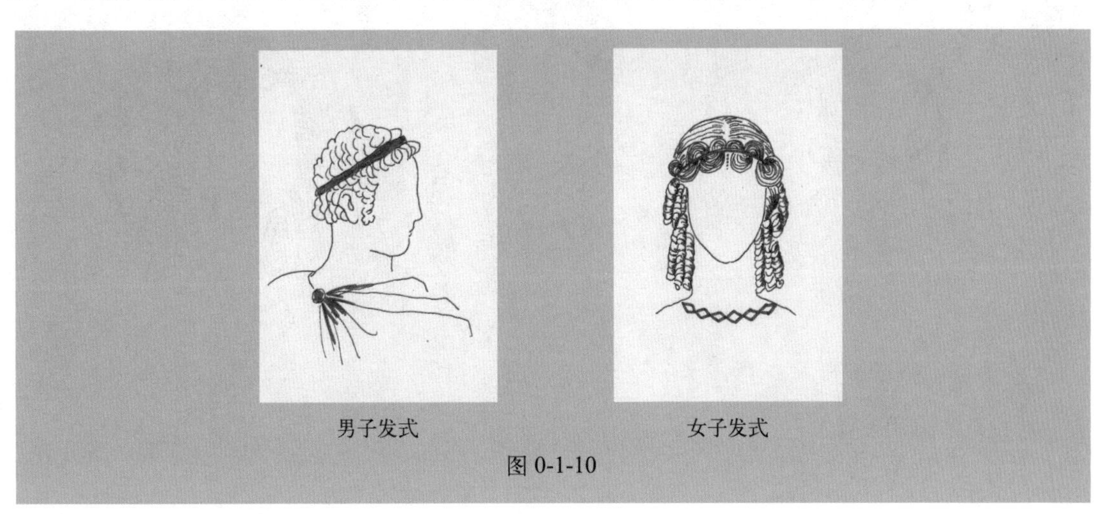

男子发式　　女子发式

图 0-1-10

古罗马人同样非常重视发型。男子以短发为主，并卷烫成卷。女子则崇尚复杂华丽的发型，或烫，或染，或盘卷，或梳理成各式各样的发式。古罗马贵妇卷发见图 0-1-11。

（2）中世纪时期美发

西方中世纪时期（476 ~ 1453 年）一个典型的特点就是宗教色彩浓厚，因此这一时期的发型受到了宗教的桎梏。女性去教堂时必须戴面纱，同时将头发全部包起。修道院修女成为贞洁淑女的典范。普通女性的发型受到修女包发的影响，多采用面纱覆盖住头部和颈部，见图 0-1-12。

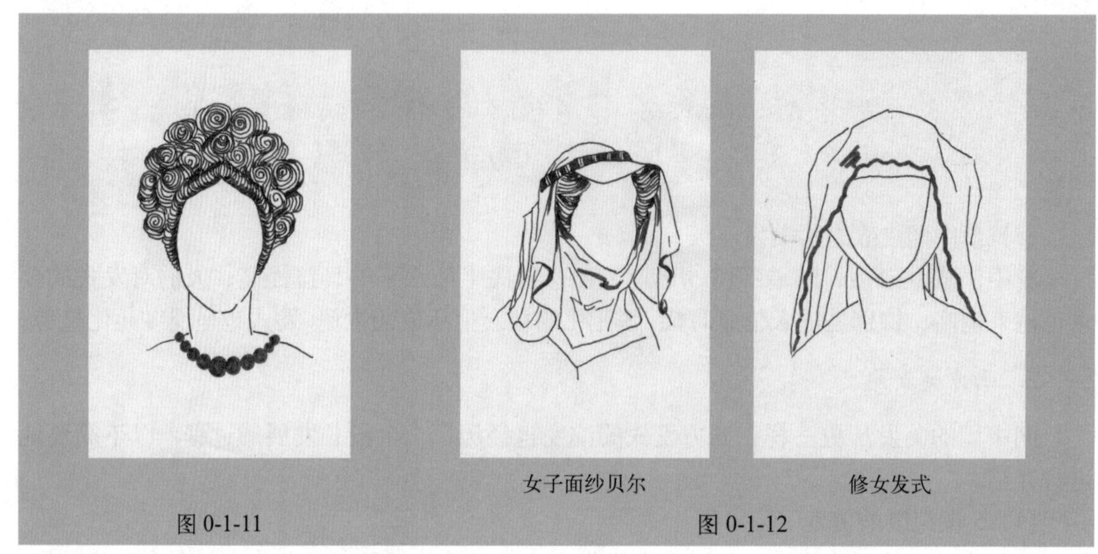

女子面纱贝尔　修女发式

图 0-1-11　图 0-1-12

（3）文艺复兴时期美发

文艺复兴时期（14 ~ 16 世纪），人们的发型随着文化的解禁又重新张扬起来。男女发型都呈现出多样性，烫卷发、染发、佩戴假发和各种饰物重新成为时尚，见图 0-1-13 和图 0-1-14。

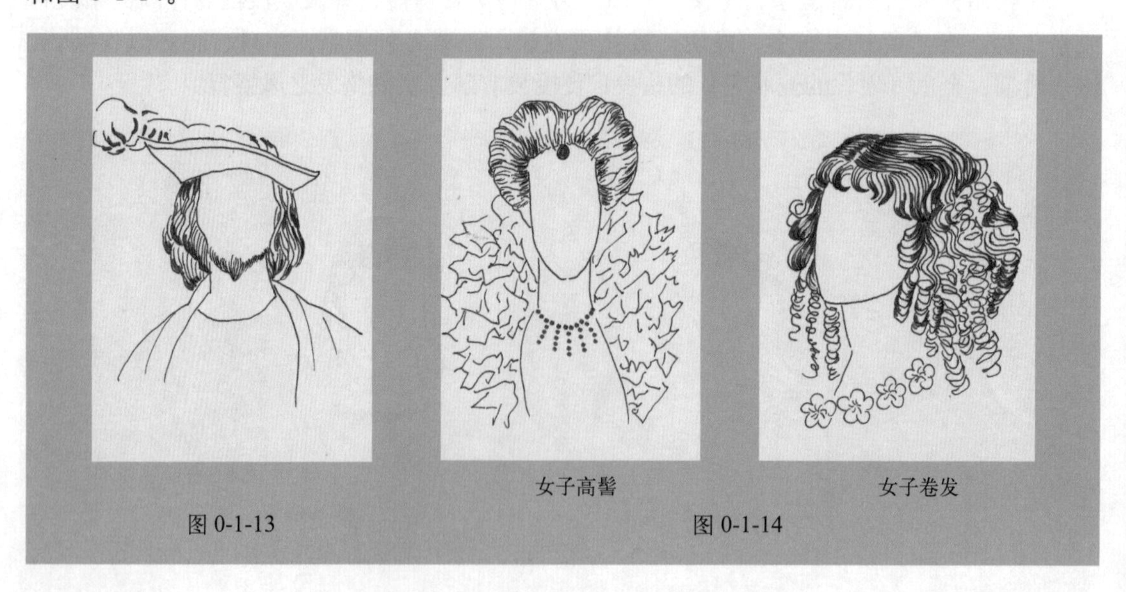

女子高髻　女子卷发

图 0-1-13　图 0-1-14

(4) 巴洛克和洛可可时期美发

进入17世纪，崇尚世俗风情和感官刺激的巴洛克艺术占据主导地位，而18世纪则过渡到凸显女性温婉气质的洛可可艺术风格，发型也受到这些艺术风格的影响。男子佩戴精致卷曲的假发，假发造型各异、种类繁多。女子除了佩戴卷曲假发外，对高髻的追求达到极致，最高可达100厘米左右。发髻上佩戴的饰物也更加繁多，如各种发带、羽毛、纱网、宝石、珍珠、盆景、树木、动物、房屋甚至一艘军舰，见图0-1-15和图0-1-16。

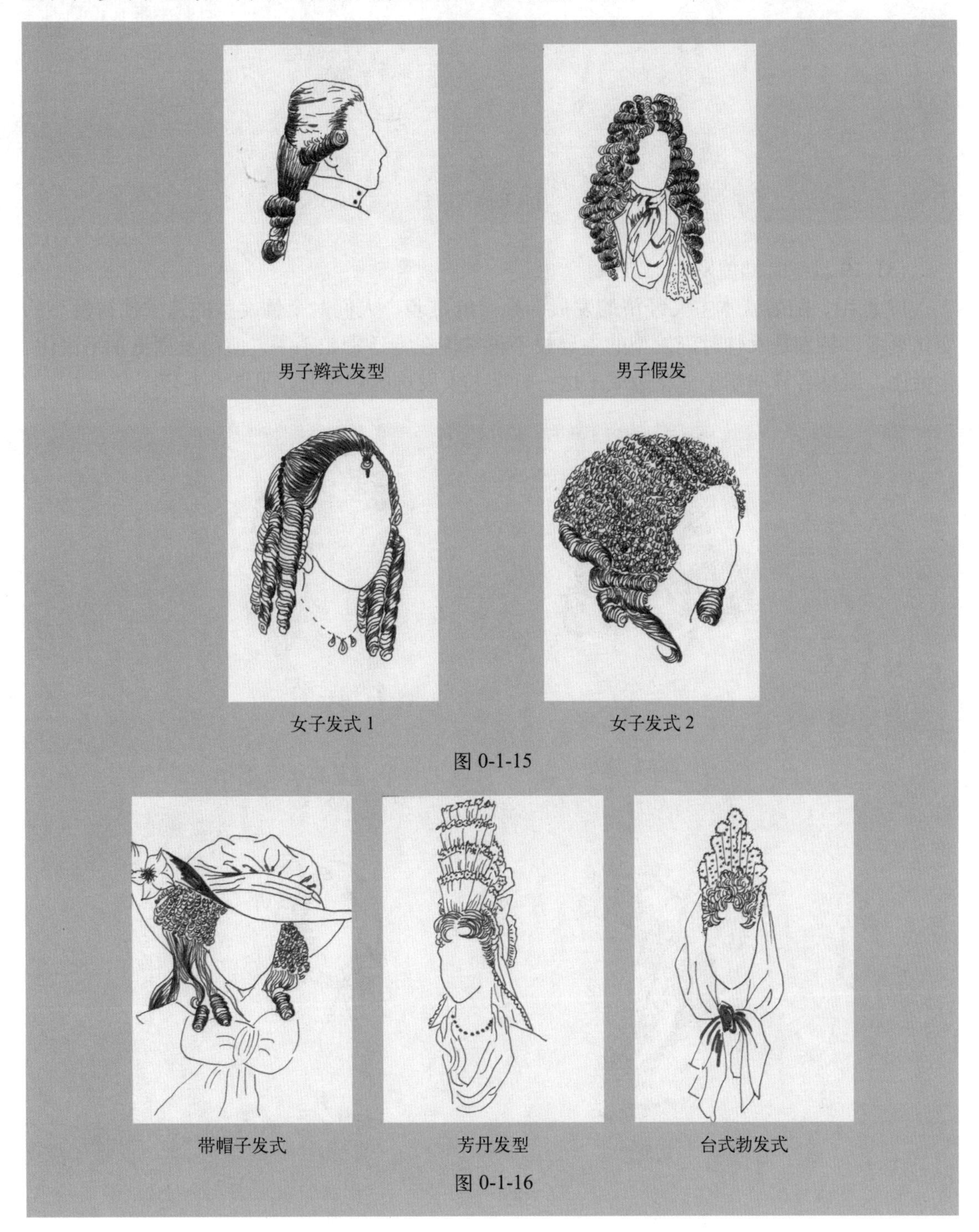

男子辫式发型　男子假发

女子发式1　女子发式2

图0-1-15

带帽子发式　芳丹发型　台式勃发式

图0-1-16

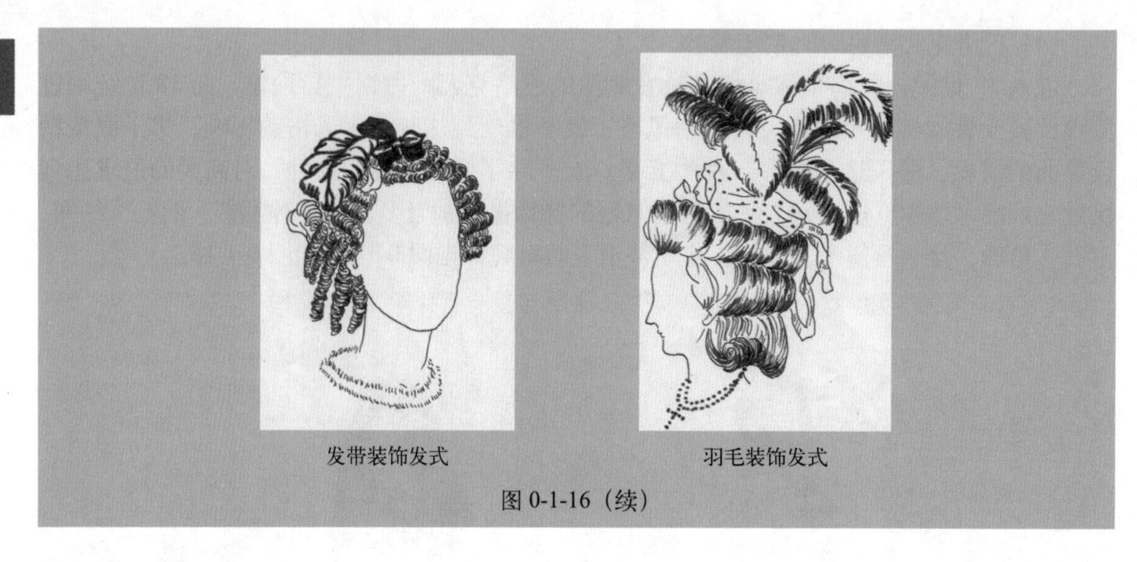

图 0-1-16（续）

（5）19 世纪时期美发

19 世纪，随着资本主义经济的发展、社会的进步，人们对个性发型的追求使得发型的变化更多，特别是女性时尚发型的主导权不再掌握在宫廷贵妇手中，使得发型更加平民化、生活化，风格各异的帽子、花边成了这一时期妇女发饰的新宠儿，见图 0-1-17。

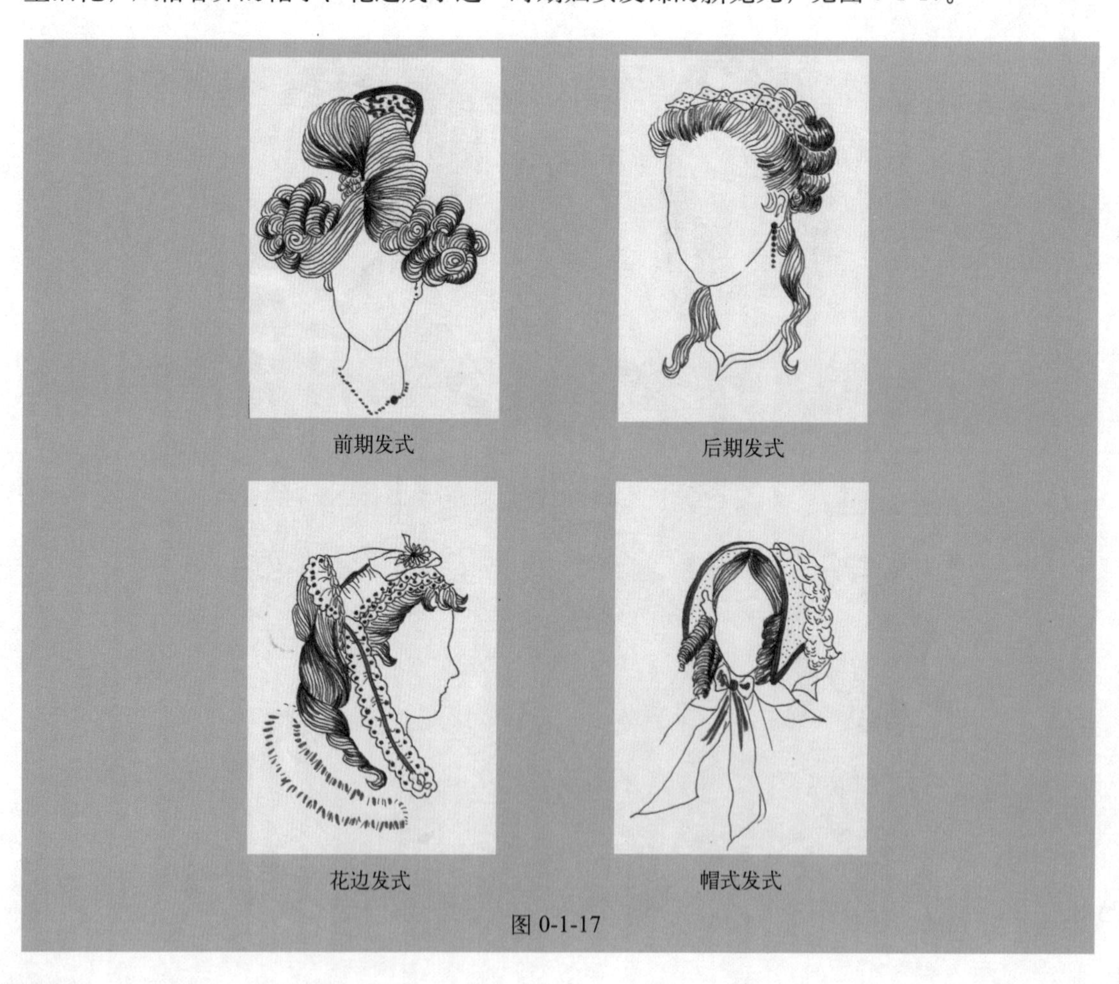

图 0-1-17

（6）20 世纪时期美发

进入 20 世纪，社会的发展变化速度更快，生活也更加快捷、多样，人们对发型的追求不再局限于美观，而是集美观、便捷、舒适、健康于一身，同时又凸显张扬的个性。美发技术的进步，使得人们的这些愿望成为可能，见图 0-1-18。

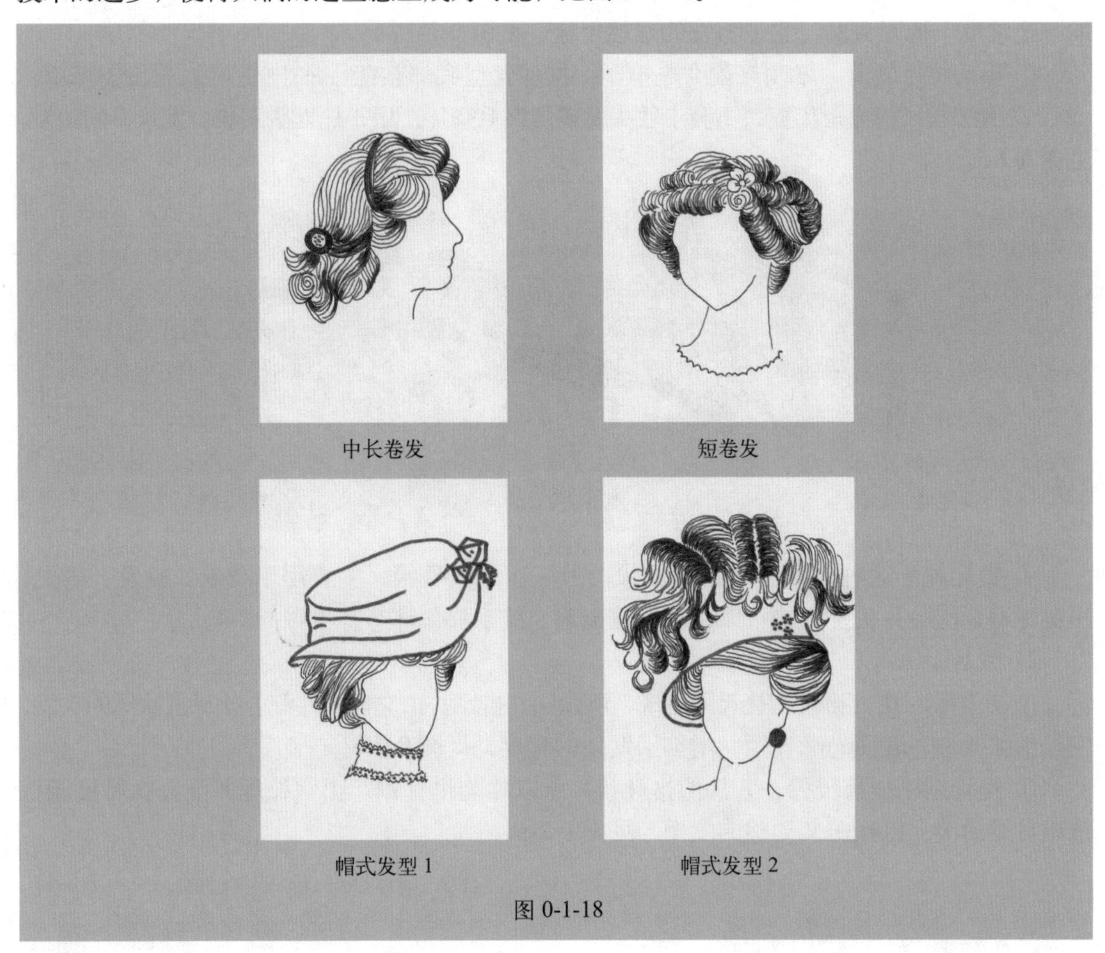

中长卷发　短卷发

帽式发型 1　帽式发型 2

图 0-1-18

说一说

1．简述中国自秦汉以来发型的演变。

2．简述西方发型演变。

0.2 美发工具、用品及行业卫生知识和安全知识

1．美发工具

《论语》中有“工欲善其事，必先利其器”之说，因此要成为一名优秀的美发师，首先

就要认识各种不同的美发工具。

（1）梳发工具

1）发梳。

① 裁发梳：配合剪刀使用，它的梳尺一边宽、一边窄。宽的一边常用于头发分区，窄的一边常用于梳理头发，它是剪发的理想用梳，见图 0-2-1。

② 平头梳：轻薄，常用来配合电推子，推剪发型底部贴在头皮上的头发，见图 0-2-2。

③ 大刀梳：梳齿距离宽，不会卡住头发或伤害毛鳞片，用于梳理头发长、发量多的头发，见图 0-2-3。

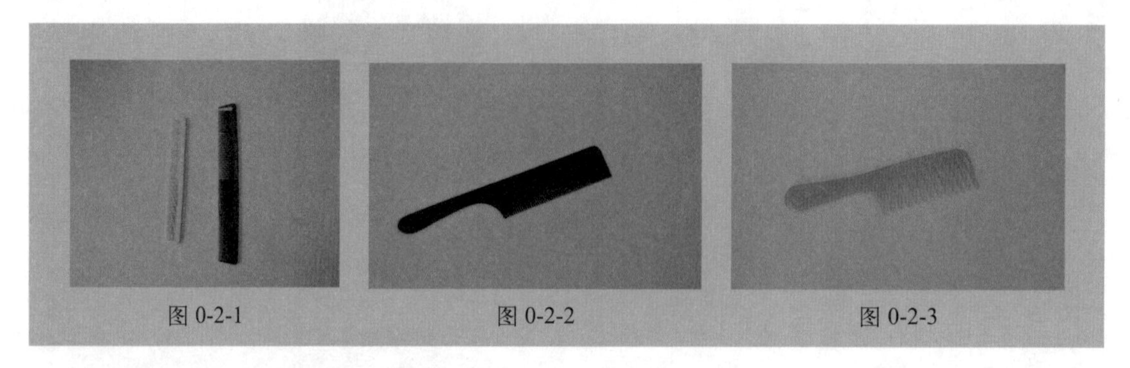

图 0-2-1　图 0-2-2　图 0-2-3

④ 尖尾梳：这种发梳一端是尖尾状，另一端是梳尺状，主要用于烫发、盘发、卷发，用尖尾端分出一片头发直接可以用梳尺端梳理，减少操作环节，见图 0-2-4。

2）发刷。

① 九排刷：由九排较密梳尺所组成，所以叫九排刷。由它梳理并配合吹风机吹风的头发，发丝细腻柔和，表面光滑直顺，增加了发型的亮度，见图 0-2-5。

② 排骨刷：梳尺较稀，背部似排骨状，所以称为排骨刷。由它梳理并配合吹风机能打造出自然活泼、粗狂而又动感的发型，见图 0-2-6。

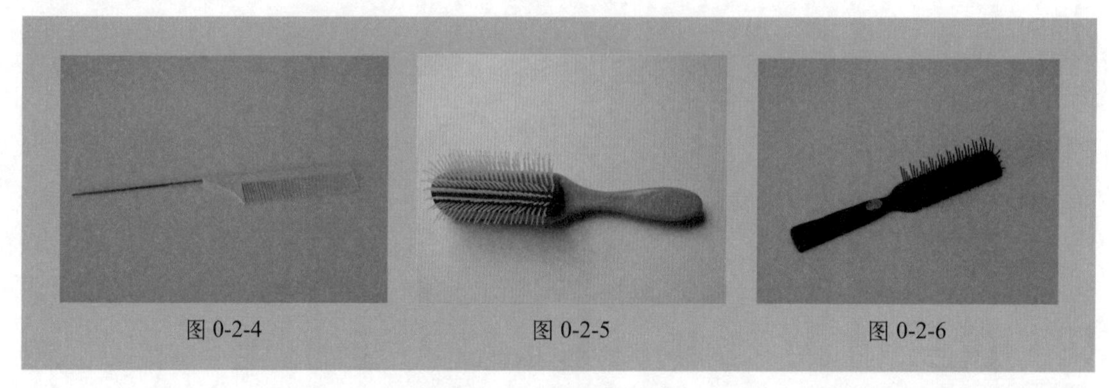

图 0-2-4　图 0-2-5　图 0-2-6

③ 滚刷：梳尺较密，发梳本身圆滑，所以称为滚刷。通过这种发刷在头发上旋转会使发型呈现卷曲状，增加动感，富有弹性，见图 0-2-7。

④ 板刷：又称大板刷，采用木质或塑料刷柄，由胶皮齿托、木质或塑料针刺制成。板刷常用于疏通梳顺头发，使头发光亮、富有动感，见图 0-2-8。

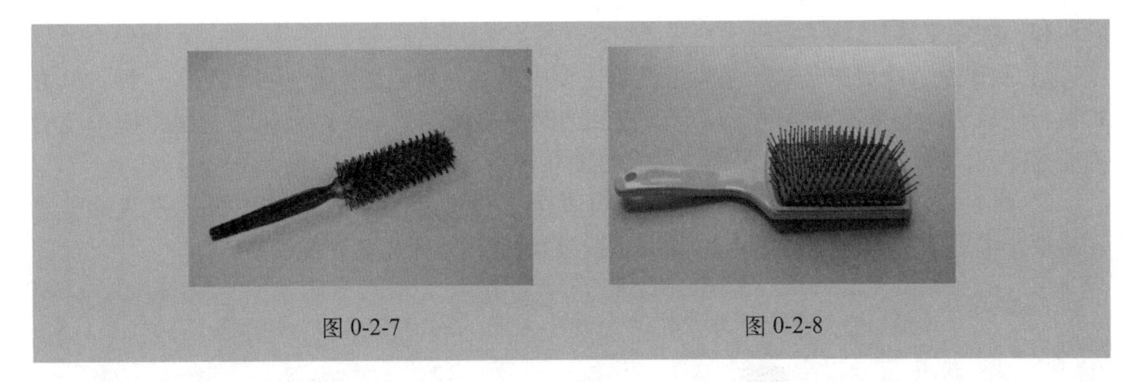
图 0-2-7　　图 0-2-8

（2）剪发工具

1）剪刀。剪刀又叫平口剪，是主要的剪发工具，主要用于调节发长及色调。剪刀一般由两部分组成，即大拇指控制的活动刀锋和无名指控制的静止刀锋。活动刀锋和静止刀锋由一颗螺钉固定。一般规格有 5.0、5.5、6.0、6.5、7.0、8.0 寸（1 寸≈ 3.33 厘米）等，见图 0-2-9。

2）牙剪。牙剪又叫“打薄剪”，一般分为当面牙剪和双面牙剪，主要用于减少发量、增加层次和动感。用牙剪剪出的头发有长有短，十分明显。尺距密的牙剪剪出的头发纹理细腻，尺距宽的牙剪剪出的头发纹理粗糙，见图 0-2-10。

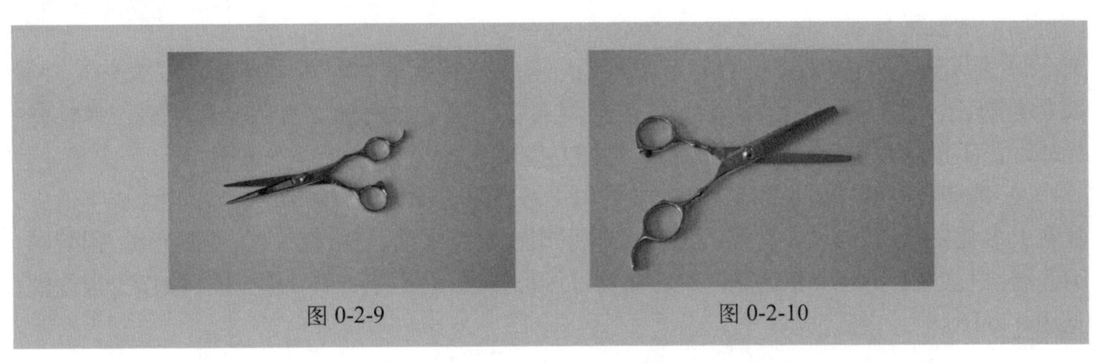
图 0-2-9　　图 0-2-10

3）削刀。削刀主要用于减少头发重量和长度，是削发、断发的重要工具之一。削刀处理过的头发发端从大到小逐渐变细，发梢看上去更柔和，更富于动感。使用削刀时，头发必须完全浸湿，否则会让顾客感觉不适。削刀还是剃须修面的主要工具，见图 0-2-11。

4）推剪 。推剪分为手推剪和电推剪两种，主要用于轧剪头发。手推剪因为使用起来费时费力，已经基本退出市场。电推剪有绳推剪（直接连接电源的普通型）和无绳推剪（充电型），操作灵活，省时省力，且轧发光净，是修理男士发型的常用工具，见图 0-2-12。

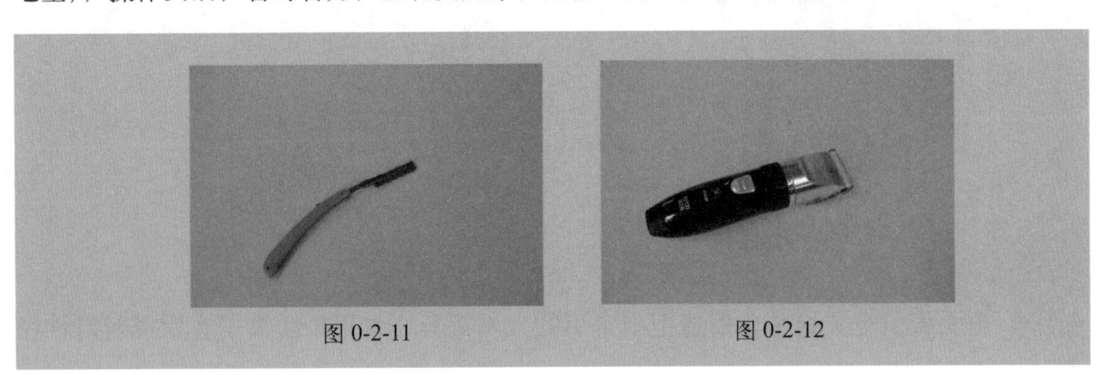
图 0-2-11　　图 0-2-12

（3）吹发工具

1）吹风机。吹风机是烘干头发造型的主要工具，一般还另配有两种风筒，一种将风力扩散，使风力均匀分布，适用于吹卷发或制造动感层次；另一种则将风力集中，使小范围内受热定型，适用于吹直发或局部造型，见图 0-2-13。

2）烘发机。烘发机主要用于洗发后烘干头发，也可以在烘干的过程中进行头发的整理和定型，特别是在烫发时，可将卷好的头发在短时间内烘干定型，见图 0-2-14。

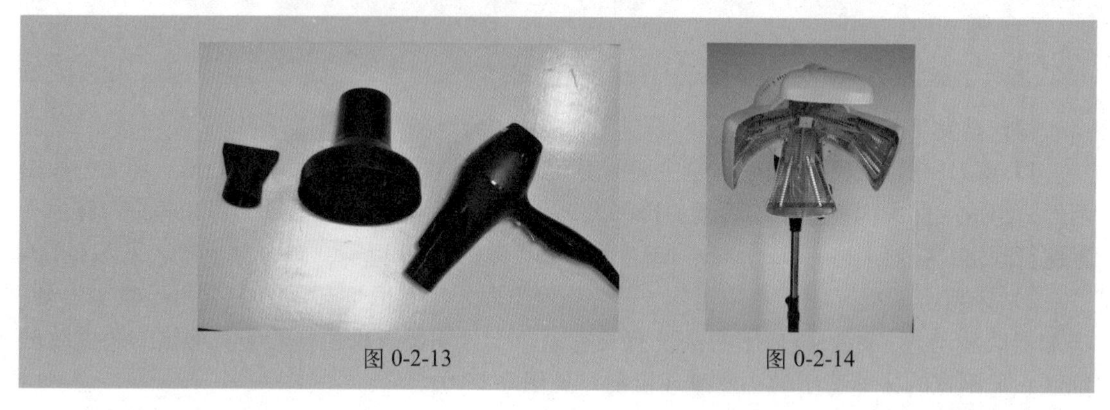

图 0-2-13　　图 0-2-14

（4）烫发工具

1）陶瓷烫仪。陶瓷烫仪的外形像八角章鱼，它特有的陶瓷棒主要以 PTC 发热，外管采用纯陶瓷，具有耐高温、保湿等特点。用陶瓷烫仪烫出的卷发自然、有动感、弹性强、光泽好，不用啫喱也能轻松打理头发，见图 0-2-15。

2）圆棒烫。圆棒烫也叫电发棒，主要用于做暂时卷发造型，继陶瓷烫后问世，成本适中，故在大多数发廊广泛运用。它的发热体表面采用铁氟龙处理，有绝缘性好、表面光滑、耐酸碱、耐高温、升温快、耗电少等优点。烫后头发可保持弹性，色彩有光泽，易梳理，操作也很简便，见图 0-2-16。

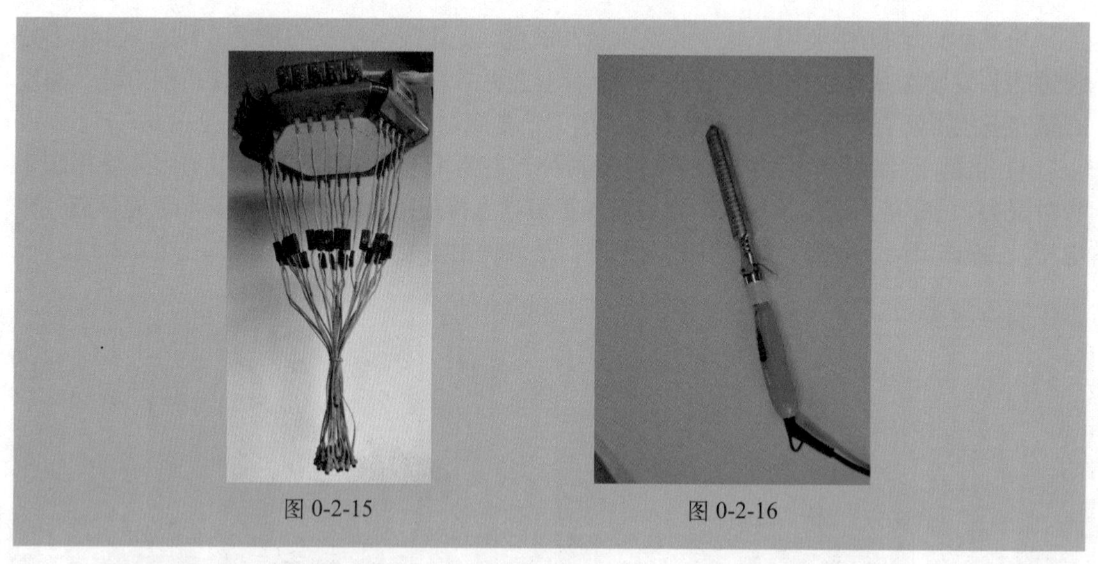

图 0-2-15　　图 0-2-16

3）电夹板。电夹板是美发造型中常用的烫发工具，常用于烫离子直发或暂时性拉直。用电夹板烫过的头发平面光滑平顺，坠感很强，但对头发伤害较大，不能多次烫，见图 0-2-17。

4）远红外线加速器。发廊的设备日益多元化，这种外形像飞碟的远红外线加速器可以在不少中高档发廊里找到。远红外线加速器集多项功能，如烫发、染发、焗油等于一身，多为立式或吊式，见图 0-2-18。

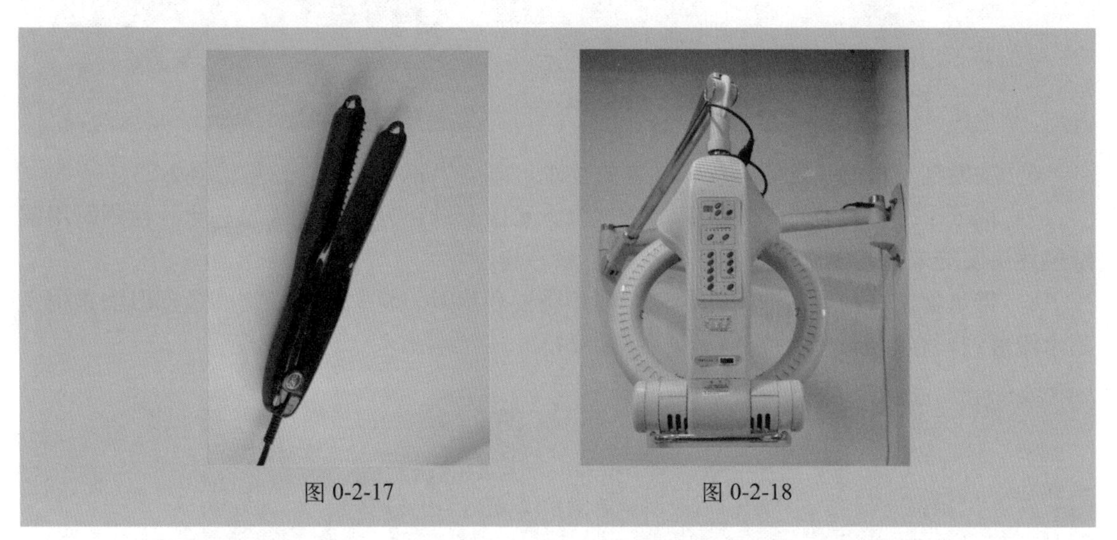

图 0-2-17　　图 0-2-18

（5）其他辅助工具

1）剪发凳、洗发椅，见图 0-2-19。

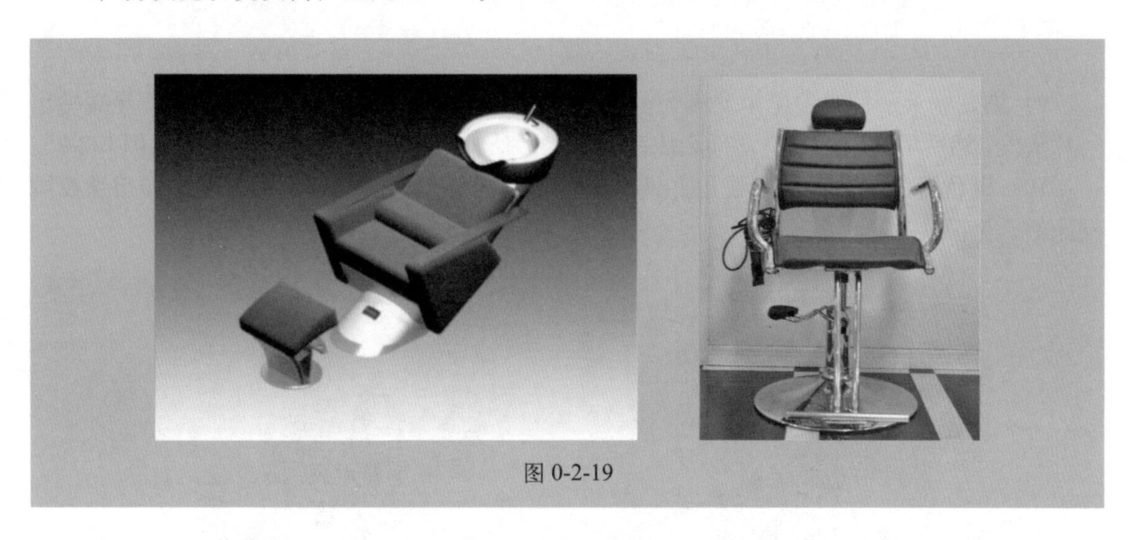

图 0-2-19

2）夹子：用来对头发进行暂时性固定的一种工具，见图 0-2-20。

3）卡子：也是固定头发的一种工具，多用于盘发盘卷操作中。

4）喷壶：美发操作通常是在湿发的状态下进行的，用喷壶可以随时将头发喷湿，方便操作，见图 0-2-21。

5）塑料卷筒：圆筒状，用于洗发后对头发进行造型，可以增加发卷的体积和弹性，见图 0-2-22。

图 0-2-20　　图 0-2-21　　图 0-2-22

6）烫发杠：根据头发的长度和顾客的要求可以烫出不同的发卷，见图 0-2-23。

7）棉纸：一种多空性的发纸，渗透性强，可以帮助头发均匀地吸收药水。使用时用棉纸包住头发的末端，能使长短不一的头发平整易卷。

8）带垫盆：一种带凹形的托盆，在使用烫发药水时，将它放在顾客的颈部以防止烫发药水流落到顾客身上，玷污衣物，见图 0-2-24。

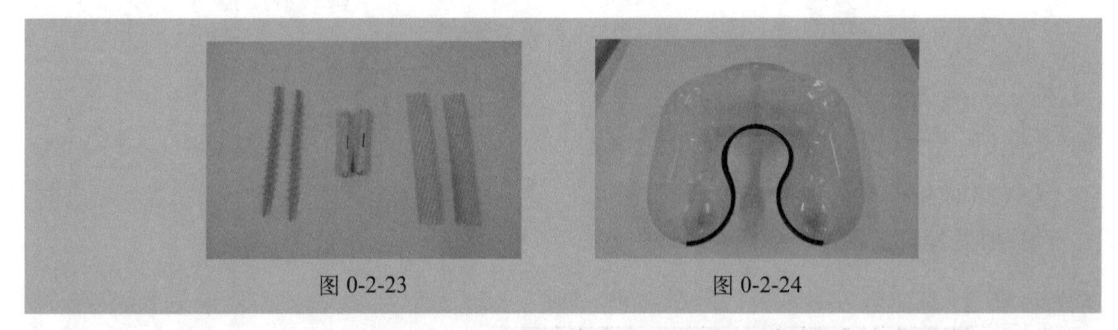
图 0-2-23　　图 0-2-24

9）染发刷：一种融尖尾梳发刷为一体的染发专业工具，在染发时，首先用剪尾端挑出一片头发，然后用发刷端将染发剂涂抹在发片上，不断调整发梳的方向和角度，见图 0-2-25。

10）调色器皿：一种用来盛放和调试染发剂的容器，里面有刻度，方便掌握用量及调配比例，见图 0-2-26。

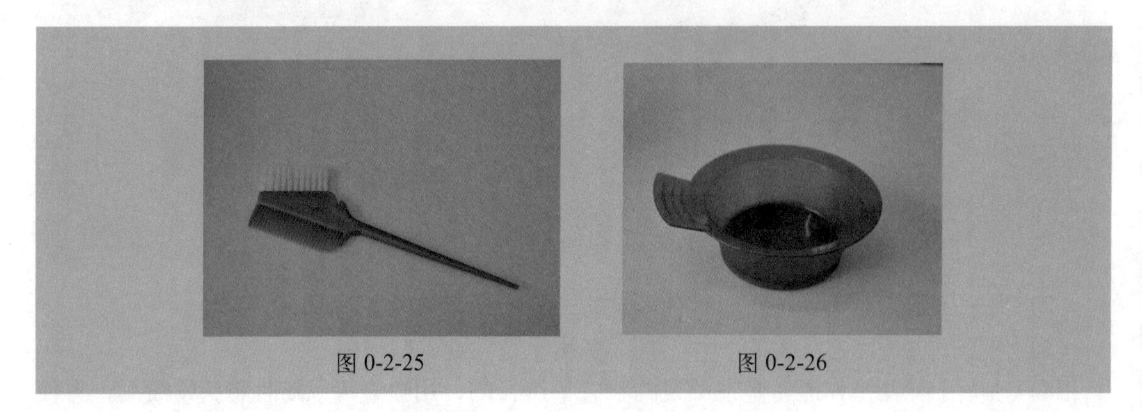
图 0-2-25　　图 0-2-26

2. 美发用品

美发用品是指在美发操作过程中所使用的一些消耗产品。美发用品种类很多，根据其特点和用途，大致可以分为清洁护发类用品、烫发及染发类用品和营养固发类用品。美发用品若使用不当，会直接影响顾客的头发和皮肤的健康，所以熟悉这些用品的特点和用途，是帮助顾客做出正确选择的前提。

（1）清洁护发类用品

1）洗发水。洗发水的主要成分为洗涤剂、助洗剂、添加剂，有较强的去污能力，泡沫丰富，容易清洗，见图 0-2-27。

2）护发素。洗发后用毛巾吸取水分，然后涂抹适量的护发素，停留 3 ~ 5 分钟后，冲洗干净头发。用过护发素的头发会变得柔顺有光泽，不易产生静电，见图 0-2-28。

3）油类产品。它的营养成分能在加热条件下渗透到头发的内部组织，使头发得到滋润和修护。

（2）烫发及染发类用品

1）烫发用品。烫发用品由两剂构成（第一剂、第二剂），见图 0-2-29。

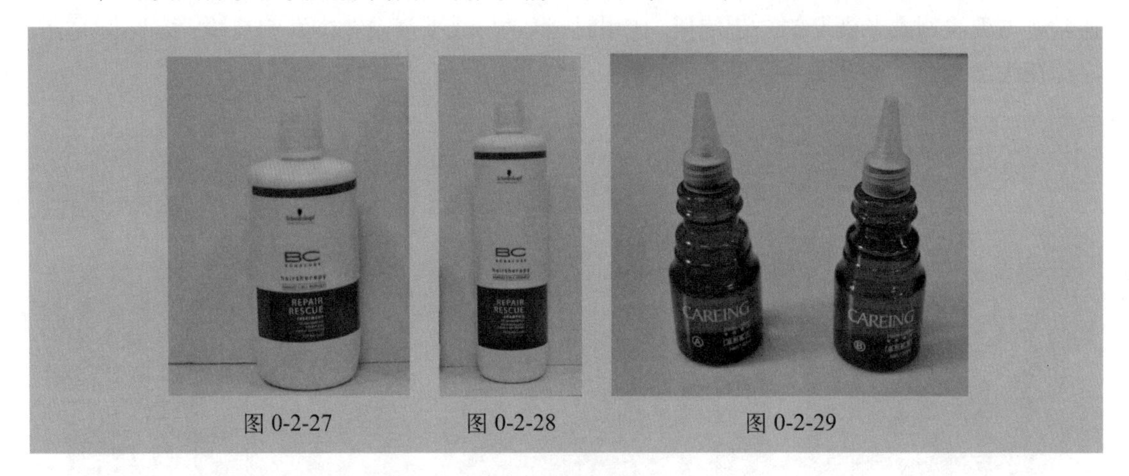

图 0-2-27　　图 0-2-28　　图 0-2-29

① 第一剂俗称烫发液，其主要作用是将头发中的二硫化物链打开并分解（起分解作用），从而使头发改变形状。烫发剂一般分为碱性、微碱性、酸性三大类。

碱性烫发液。碱性烫发液 pH 在 9 以上，其碱性较强，适合于较为粗硬的头发和未经烫过的头发，目前很少使用。

微碱性烫发液。属于普通型烫发液，其 pH 为 7 ~ 8，使用后对头发的伤害程度较小，应用广泛，适用于一般发质。

酸性烫发液。属于高档型烫发液。其 pH 在 6 以下，与头发正常的 pH 接近。因此，在使用时不会损伤发质，并含有一定的营养成分，对头发起保护作用，属于高档烫发液。

② 第二剂又称中和剂或定型液剂，是在烫发剂的作用终止之后，施放于头发上，其作用是使分解后的二硫化物链重新组合并固定，使头发形状得到长久性改变。

2）染发用品。

① 漂浅剂。漂浅剂（图 0-2-30）分为油状、乳状、粉状、膏状几种类型，需要与双氧奶一起使用，将漂浅剂与双氧奶按一定比例调配成黏稠状，将其涂抹在头发上，会与头发发生化学反应，减弱并分散自然色素与人造色素，使原有的发色变浅。

② 染发剂。染发剂有植物染发剂、金属型染发剂和合成型染发剂之分，目前多采用合成型染发剂。

合成型染发剂分为三类：暂时性染发剂、半永久性染发剂、永久性染发剂。

暂时性染发剂。例如，彩色发胶，它的分子较大，可以覆盖头发的表皮层，洗两三次头发就可以褪掉颜色。使用时，将它直接喷在头发上即可，见图 0-2-31。

半永久性染发剂。这种染膏一般是用植物纤维提取的，对头发没有伤害，但价格昂贵，它的色素颗粒可以穿透头发的表皮层进入皮质层，不过每洗一次头发都会掉一些颜色。使用时将其直接涂抹在头发上，30 分钟后将头发冲洗干净，这种染发剂只适合在较浅头发上使用。由于不需使用双氧奶，因此不会损伤头发。

永久性染发剂。是染发产品中最主要的一类。在双氧奶的作用下，染剂中的色素颗粒可透过表皮层，进入皮质层，且发生膨胀留在皮质层内，从而达到长久改变头发颜色的目的。

③ 双氧奶。双氧奶又称显色剂，主要成分是过氧化氢，化学式为 H_2O_2，是白色乳状物，通常要与漂浅剂或者染发剂一起使用。使用时，将它与漂浅剂或者染发剂按照一定比例混合，涂抹在头发上即可，见图 0-2-32。

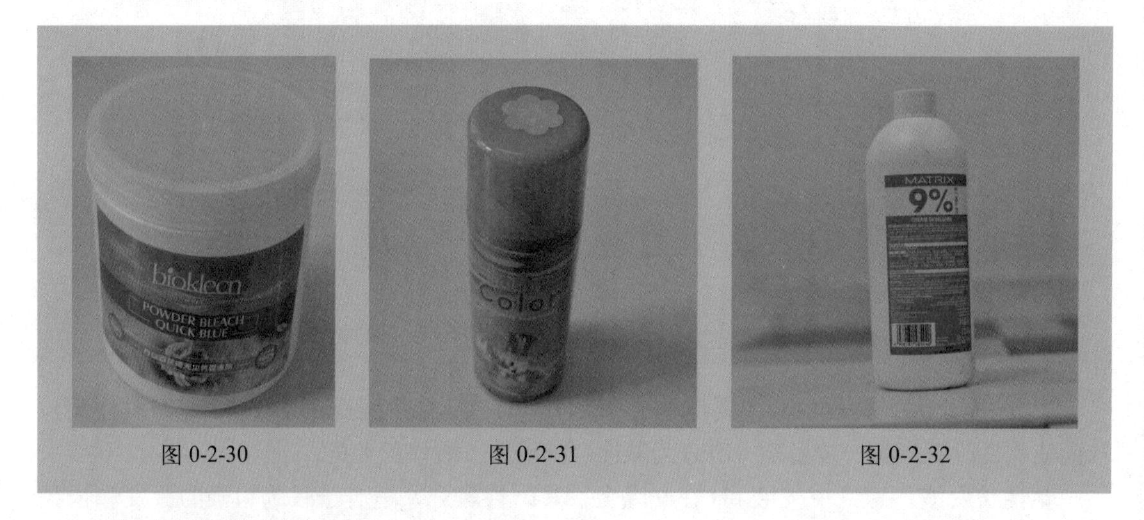

图 0-2-30　　图 0-2-31　　图 0-2-32

（3）营养固发类用品

当一款发型做完后，还要选择固发类用品对头发进行固定，以使发型更加完美。

1）发胶。发胶属于气溶胶，它可以把做好的发型迅速固定，使用时，将发胶摇晃均匀，对准发型直接喷射，然后用吹风机吹干定型。

2）摩丝。泡沫类的固发类用品使用时，将摩丝摇晃均匀，挤在手中，涂抹在头发上，能使头发潮湿有光泽。

3）啫喱水。啫喱水可用于日常的头发定型处理，使用时，可以将其直接喷在手中，然后用手抓摸在头发上，使头发呈现光泽亮丽的效果。

3. 美发行业卫生知识和安全知识

美发行业的服务性质决定了卫生安全的重要性，美发厅顾客多，往来频繁，流动性大，如果卫生没做好，消毒不及时，安全措施不到位，就会导致各种疾病传播，给顾客的生命安全带来威胁。因此，作为一名美发师，还必须要学习美发行业的卫生知识和安全知识。

(1) 美发行业卫生知识

1) 美发厅的环境卫生。美发厅是为顾客塑造美的场所，也是顾客休憩、放松心情的地方，所以美发厅门前和厅内的环境卫生非常重要。装潢时尚高雅的美发厅令顾客赏心悦目，是顾客美化自己、调养身心的最佳场所。如果美发厅门前或厅堂卫生条件不佳，就会失去顾客。因此，搞好美发厅的卫生可以树立良好的形象，对顾客健康负责，同时也是对美发厅里的所有员工负责。

2) 美发师和美发助理的个人卫生。美发师和美发助理在操作过程中直接与顾客接触，最容易相互传染疾病，所以美发师和美发助理要讲究个人卫生，养成良好的卫生习惯和生活习惯。

① 养成良好的卫生习惯。美发师和美发助理要经常换洗衣服，保持工作服整洁干净；要勤洗头、洗澡，保持头发和肌肤清洁；不应留长指甲，以免滋生细菌；要坚持经常洗手，使手部保持清洁；在为顾客修面时要戴口罩，以免通过呼吸道传染疾病。

② 养成良好的生活习惯。美发师和美发助理要注重营养，合理安排饮食，保持营养结构均衡；操作前不吃葱和蒜等有异味的食物，保持口腔清洁；注意休息，适当运动，增强防病抗病能力；定期进行体检，持健康证明方可上岗。

3) 美发工具、用品的消毒。美发厅应有严格的消毒制度和消毒设备，并配有足够周转使用的美发工具，工具、毛巾必须做到一客一换一消毒，不同的用具应采用不同的消毒方法。常用的消毒方法有以下几个。

① 酒精消毒。酒精消毒适用于剪刀、剃刀等美发工具和仪器设备的消毒，先将美发工具清理干净，再用 75% 的酒精反复擦拭或浸蘸。

② 化学药物消毒。化学药物消毒适用于发梳、发缸等美发工具及毛巾、围布等用品的消毒。将化学药剂按一定比例稀释，再把清洗干净的工具或用品放在溶液中浸泡 15 分钟，取出晒干即可。

③ 消毒柜烘烤消毒。消毒柜烘烤消毒适用于美发工具、用品的消毒。将美发工具或毛巾等用品洗净晒干后，放入消毒柜（箱）内进行消毒。

④ 日光暴晒消毒。日光暴晒消毒是指将毛巾、工作服、窗帘等物品洗净后，在阳光充足的户外晒干，利用阳光中的紫外线照射进行消毒。

⑤ 煮沸或蒸汽消毒。煮沸或蒸汽消毒是指将毛巾等用品洗净后，放在蒸汽锅或沸水中蒸煮 15 分钟，取出晒干。这种方法费时费力，目前应用不多。

(2) 美发行业安全知识

美发厅内电源线路、仪器设备较多，用电需求量大，存在一定的火灾隐患。所以，每个工作人员都应强化安全意识，严格遵守用电规则，按规范操作，以免引起火灾或发生意外事故。

1) 美发厅用电安全。

① 定期检查美发电器设备的电源线路，如有破损，应停止使用，不要用手直接拽住导线拔线头。

② 美发电器设备在使用完毕后，要及时关闭电源开关，以免长时间通电运转，造成机器损坏。

③ 在维修美发电器、设备及配电设施时，应切断总电源或电器电源，以免触电。

④ 不能用铜丝、铁丝代替保险丝，否则持续强大的电流会烧坏电器，甚至引发火灾。

⑤ 不要用湿手触摸电线或电源开关及插头，以免因水导电引发触电危险。

2）美发厅防火安全。

① 要正确使用各种电器设备，以免因操作不当而引发事故。

② 及时清理美发厅内的易燃物品，如头发、纸屑等，以免引燃易燃物品。

③ 发胶、摩丝应远离热源，以免发生爆炸。

④ 美发厅必须配备灭火设施，如遇火灾险情，可用灭火器灭火。使用灭火器时，将其拿起并拉下手柄下的铁环，使喷头对准火源，再用手用力按压手柄，直至将火完全熄灭。

3）操作过程安全。

① 洗发前，注意询问顾客头部有无损伤、疤痕，洗发时，注意不碰到伤痕处。

② 美发操作工具中的剪刀、剃刀等都非常锋利，操作时，注意不要伤到自己，更不能伤到顾客。

③ 烫发、染发药水都是化学溶剂，操作时，尽量不要滴落在顾客皮肤上，更不要滴落在顾客衣物上。应严格掌握烫、染有效时间，避免损伤顾客发质。

④ 吹风时，注意掌控吹风机的角度和同一部位吹风的时间，以免吹风口温度过高，损伤顾客发质。

⑤ 使用固发用品时，如喷洒发胶、发油，注意护住顾客面部，切记不要将发胶等喷洒在顾客的脸上、眼睛里。

说一说

1．简述美发常用工具的种类及用途。

2．简述美发用品的种类及用途。

3．简述美发师和美发助理的个人卫生要求。

4．简述美发行业应该注意的安全问题。

0.3 毛发生理知识

1. 毛发的结构及生长规律

毛发是皮肤的附属物，不能离开皮肤而独立存在，是头皮的重要组成部分。

(1) 毛发的结构

人体的毛发除了手掌、脚掌外遍布全身皮肤。毛发分为毛根、毛干两部分。毛根在皮肤内，毛干露出皮肤。

1）毛根。毛根包裹在毛囊中，毛囊下端膨大成球的部分称为毛球，毛球底部凹陷，真皮组织伸入其中，构成毛乳头。毛球下层与毛乳头相接处为毛基质，见图 0-3-1。

① 毛球。毛球是毛发的根端膨大状似葱头的部分，是一群增殖和分化能力很强的细胞。

② 毛乳头。毛乳头内含有丰富的血管、神经末梢，对维持毛发营养和生长有重要

影响。当毛乳头遭到破坏或毛囊退化时，毛发即停止生长，并逐渐枯萎脱落，新毛发更换或再生难以形成。

③ 毛基质。毛基质是毛发的生长区，含有黑色素的细胞，分泌黑色素颗粒并输送到毛发细胞中，黑色素颗粒的多少和种类决定了头发的颜色。

④ 毛囊。毛根下端略微膨大的部分为毛囊。

2）毛干。从一根毛干的剖面图观察，发干分为三层，即表皮层、皮质层、髓质层，见图 0-3-2。

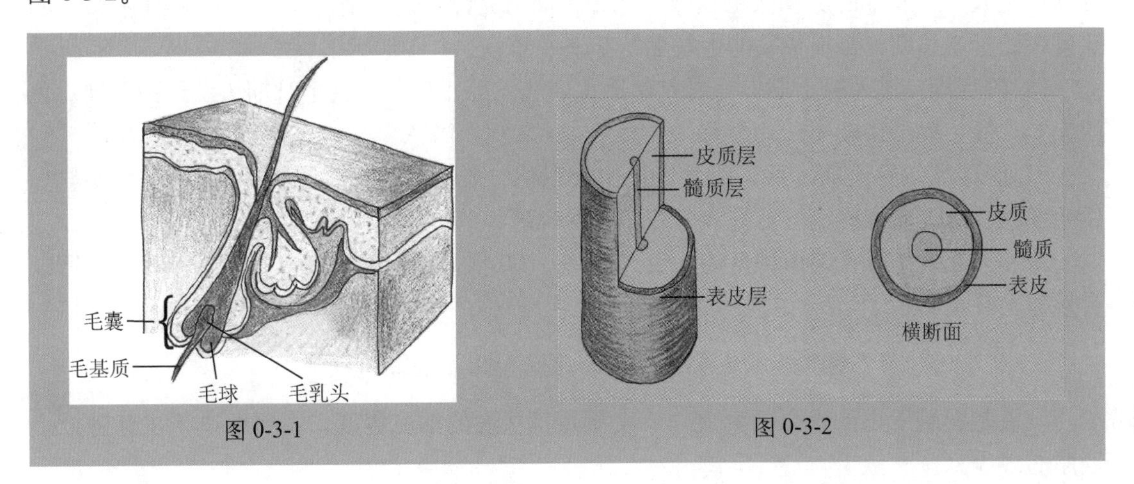

图 0-3-1　　图 0-3-2

① 表皮层。表皮层位于毛发的最外层，由 6 ~ 12 层的重叠鳞片（毛鳞片）所组成。所有的鳞片边缘都是从发根指向发梢的，这些鳞片又靠一种类似糊状的物质衔接着；毛鳞片通常是透明或半透明的，它保护头发内部的水分、营养及色素，同时也主宰毛发的光滑度。

② 皮质层。皮质层是毛发的重要部分，控制着发干的水分、韧性、弹性、粗细及形状等。美发中所有的化学操作都发生在皮质层内，可改变其结构和颜色。

③ 髓质层。发干的中央核心也称为髓质层（在细发或很细的毛发中常常不存在），是由更柔软的蛋白质及多角细胞和少部分色素构成的，对头发起着支撑的作用。

（2）头发中的化学键

构成头发的蛋白质分子结构中有一些化学键。当为顾客提供美发服务时，实际上就是通过作用于这些化学键达到改变发型的目的。因此，作为一名美发师，有必要了解这些键是如何发生作用的。

1）氢键。它的工作原理与正负电之间相互吸引一样，当一个分子中的氢原子被另一个分子中带有许多负电子的原子所吸引时，就会发生键合作用。头发中有许多氢键，它们的个体非常脆弱，很容易被热量或水破坏。

2）盐键。盐键又叫离子键，也是正负电之间互相吸引的结果。它同氢键一样，都能够被水削弱。所以，用洗发水洗发，使用烫发卷并加热都可以使头发的形状改变。这种改变是物理变化，只是暂时的改变。

3）二硫化物键。二硫化物键简称为“二硫键”，它是一种形成于蛋白质结构之间的化学键。二硫化物键是头发强度的决定因素，其存在的数量对头发的物理和化学性能影响很大。有许多美发服务，特别是烫卷和拉直发，其实就是对二硫化物键的破坏与重建过程。这个过程是一个化学变化，能够产生持久的效果。

4）瓦尔斯力。这种键对我们并不是特别重要，但我们要知道它的存在，并知道其在键合过程中起一定作用。

(3) 头发的生长规律

头发生长于毛囊中。毛囊就像是制造头发的工厂，有健康的毛囊才会有健康的头发。头发不断地生长和脱落，呈现周期性，可分为生长期、静止期和脱落期三个阶段。

1）生长期。头发在生长期，毛囊功能活跃，头发以约 0.3 毫米 / 天（0.8 ~ 1 厘米 / 月）的速度生长。生长期的头发颜色较深，毛干粗而有光泽。通常情况下，一个人约有 85% 的头发都处于生长期，每根头发的生长期是 2 ~ 6 年。

2）静止期。进入静止期，毛囊开始退化，头发停止生长。这个时期头发细而干硬、色淡无光。静止期会持续 4 ~ 5 个月。

3）脱落期。静止期过后，头发慢慢出现退化、脱落的现象，这时毛球细胞停止增生，发生萎缩，向表皮推移，与毛乳头分开，头发脱落。

正常人每天新陈代谢所掉落的头发为 50 ~ 100 根，因为毛发的生长周期不相同，所以自然掉发并不明显。

2. 发质的种类、特征及头发常见问题的原因和改善方法

发质是影响发型的重要因素之一。发质是指头发的油腻程度，主要取决于皮脂腺分泌油脂的多少。

(1) 发质的种类及其特征

根据头发的油腻程度，我们可以将发质分为干性发质、中性发质、油性发质和混合性发质。

1）干性发质。干性发质的油脂少，头发干而枯燥、僵硬、无光泽、弹性较低。触摸头发会有粗糙感，不润滑，易缠绕、打结，造型后易变形。头皮干燥，容易产生头皮屑。

干性发质是由皮脂分泌不足、头发角蛋白缺乏水分、经常漂染、用过高温度的水洗发、天气干燥等原因造成的。

因此，洗发时应选用专用的洗发和护发用品，经常做焗油护理，每天做头部按摩以促进头发的新陈代谢，促进头发的油脂分泌。

2）中性发质。中性发质既不油腻也不干燥，软硬适度，丰润柔软顺滑，有自然的光泽。油脂分泌正常，只有少量头皮屑。这种发质是健康的发质。

这种头发不需要进行特殊护理，只要保持头发的清洁和健康，选择中性洗发液和护发素即可。

3）油性发质。油性发质油腻，触摸时会有黏腻感，洗发后第二天，发根就会出现油垢，头皮屑多，头皮瘙痒。

油性发质是因皮脂分泌过多，使头发过于油腻造成的。内分泌紊乱、遗传、精神压力大、过度梳理、经常进食高脂食物，都可能使油脂分泌增加。

因此，属于油性发质的头发应经常清洗，保持头发的清爽洁净。洗发时，水温应为 30 ~ 40℃，不要过冷或过热，以免刺激头部皮肤的油脂分泌。同时，注重养成良好的生活

习惯，调整精神状态，合理地安排膳食，减少油脂分泌。

4）混合性发质。混合性发质头皮油腻但头发干燥，靠近头皮1厘米左右发干多油，越往发梢越干燥甚至会开叉，是一种干性发质与油性发质的混合状态。

（2）头发常见问题的原因和改善方法

1）头皮屑过多。

① 原因：内分泌失调，油脂分泌过多；精神不振，过于疲劳；饮食失调，不均衡；选择的洗发水不适宜。

② 改善方法：正确选择洗发、护发用品；每次洗头时多用清水冲洗，可在头皮上涂一些水杨酸软膏；平衡饮食结构，多吃蔬菜、水果、海藻、豆类，少吃高油高脂食品。

2）脱发。脱发除因遗传和疾病的因素导致外，最常见的是脂溢性脱发。

① 原因：皮脂腺分泌过多或皮脂腺分泌的性质改变；精神过度紧张或过多食脂肪过多的油腻食物也会促使皮脂腺溢出。

② 改善方法：要保持平静的心态、充足的睡眠；合理膳食，少食辛辣、刺激、高油、高脂的食物；经常进行头部按摩，暂时不烫发、染发；选择正确的洗发、护发用品，适当选用头发营养剂。

3）头发早白。

① 原因：遗传；用脑过度，疲惫；心情忧郁，生活没有规律。

② 改善方法：调整心态，有规律地生活；染发、佩戴假发；必要时选择专业机构进行药物治疗。

4）头发干枯、分叉。

① 原因：头发长期缺乏蛋白质营养；染发、烫发、漂发、吹风等次数过多，使发质受损；洗头方法不当，用力揉搓发尾，也是发尾分叉的重要原因。

② 改善方法：立即剪掉分叉部分；正确选用洗发、护发用品，经常焗油、蒸汽，使养分、水分渗透到每一根头发上；多吃含碘、维生素A、蛋白质丰富的食物。

5）斑秃。

① 原因：多数为身体内部因素所致；强烈的神经刺激；内分泌失调、营养不良、慢性疾病等。

② 改善方法：适当调节内分泌功能；劳逸结合，保持良好的精神状态与愉快的心境。

说一说

1. 简述毛发的结构及生长规律。
2. 简述干性发质、中性发质、油性发质的特征。
3. 头发常见的问题有哪些，如何改善？

项目 1　洗发与按摩基础

学习目标

1. 了解洗发的作用及方式。
2. 掌握水洗洗发的规范流程及操作方法。
3. 了解头部、肩颈部的主要穴位及作用。
4. 掌握头部、肩颈部按摩的程序及方法。

任务 1.1　洗发的作用及方式

任务描述

洗发是剪发、烫发、染发、护发、固发的前期工作。它不仅是一项预备步骤，更是顾客对美发店的第一印象，是表现沟通能力的最佳时刻，更是一段有价值的销售辅助活动时间，通过美发师的建议，使顾客获得额外服务。

任务准备

1. 工具准备

洗发围布、毛巾、洗发液、护发素、吹风机、宽齿梳等。

2. 知识储备

提前布置学生进行洗发方式、洗发后感受的调查。

任务实施

1. 洗发的作用

1）去污作用：清洁头发和头皮。通过洗发可以去除头发和头皮的污垢（空气中的灰尘、头皮的皮脂腺和汗腺的分泌物，饰发用品的残留物发胶、发乳、发蜡等），还可以去除头皮屑。

2）保健作用：舒适、提神、醒脑。洗发操作通常运用揉、搓、抓、挠等动作来完成，这些动作反复作用于头皮，可以促进血液循环和表皮组织的新陈代谢，有利于头发的生长；适当的刺激还可使头发得到按摩，让顾客产生轻松舒适之感，具有消除疲劳，振奋精神的作用，有利于身心健康。

3）美化作用：体现自然美。洗后的头发蓬松柔软、富有光泽，即使不做任何修饰，也能将头发的自然美感充分展示出来。

4）前提作用：为塑造发型打下基础。洗发是为后续进行其他美发项目做铺垫的，顺滑、清爽的头发易于梳理，便于修剪操作和吹风造型，是进行修剪、烫发、吹风造型、头部护理等项目的前提条件。

2. 洗发的方式

(1) 干洗

干洗又称坐式洗发，是顾客坐在美发椅上，美发助理在洗发前不润湿头发，将洗发水直接涂抹在头发上，仅用少量水揉出泡沫进行洗发的一种方式。其特点是顾客感觉较轻松，抓洗充分。

从科学的角度讲，干洗是不可取的。干洗时，高浓度的洗发水直接作用于头发，助理用手指甲抓挠头皮，易造成头皮表层、皮质层脱落，特别是干洗后做烫染，化学品很难不接触头皮，易造成脱发、皮肤过敏和毛囊受损。现在这种洗发方式已基本退出市场。

(2) 水洗

水洗又称仰式洗发，是顾客躺在洗发椅上完成洗发操作的一种方式。其特点是顾客感觉较放松，但颈部和耳后不易清洗。

知识拓展

判断头皮状况

头皮大致分为以下几种。

1）正常头皮：没有头皮屑，没有过分的油脂分泌及其他异常现象（红肿、伤口、肉瘤等）。

2）干性头皮：头发干燥无光，头皮发红，有头皮屑碎片。

3）油性头皮：头发油腻、出油。

4）生头屑性头皮：头发全部或部分被头皮屑覆盖，头皮屑较大、较油。

5）头癣：头皮上有一处处明显发红突起的病灶。病灶上覆盖着密集的、银白色的头皮屑，头皮屑紧贴头皮。头癣应由医生负责治疗。

6）秃疮：不长头发的部位。

7）伤疤：失去头皮后又新长的联结组织，血管较少，有些是下凹的，有些是带有皮肤增生的。

8）结痂：伤口处于干燥了的血液或体液。

不同发质的头发如何挑选洗发水和护发素

有些人喜欢使用“常用型”洗发露和护发素。今天，大多数产品都适合经常使用，消费者既可选择适合自己的产品，又可享受常用型洗发露带来的便利。有头发、头皮问题的人，有头皮屑或头皮痒的人，应选用专门针对他们的需要而配制的洗发露。

1）如果你的头发是下列情形，应选择中性配方的洗发露和护发素：头发无损，发丝柔软；短发（到耳根）；没有烫发或染发；没有开叉和断发；大多数时间看上去漂亮和健康；油性头发；头皮不干燥。

2）如果你的头发是下列情形，应选择干性 / 受损或干性发质配方洗发露和护发素：烫发；发丝飞起；中长发（到肩膀）；头发开叉和断发；头发看上去枯燥；头皮不干燥。

3）如果你的头发是下列情形，应选择特别护理配方洗发露和护发素：烫发或染发；发丝飞起；容易打结，难于梳理；长发（到肩膀以下）；严重开叉和断发；头发看上去枯燥；头皮不干燥。

4）如果你的头发是下列情形，请选择去头皮屑配方洗发露：有头皮屑；头皮痒；头发干燥。

5）如有以下情况应使用滋润剂：如果你需要特别加强对损伤头发的护理；烫发或染发以后；头发严重分叉或损伤。

说一说

1．洗发的作用是什么？

2．洗发的分类是什么？

练一练

根据周围人不同的发质，为其推荐适合的洗护产品。

任务 1.2 水洗洗发

任务描述

水洗即先将头皮与头发完全冲湿，再将适量洗发水涂抹在头发上，揉出泡沫，而后在覆有泡沫的头皮上进行指压按摩。水洗的主要特点是较干洗更容易清洗干净，头皮上不会残留大量的洗发水。

任务准备

1. 工具准备

水洗常用的工具主要有洗发围布、毛巾、洗发液、护发素、吹风机、宽齿梳等。

2. 服务准备

1）检查顾客头皮状况（图 1-2-1）。先对顾客的头皮状况进行检查，观察是否有红肿、破损及各类皮肤病症状，以决定是否可以进行洗发或其他项目的操作。

2）用大齿梳梳理顾客头发，避免洗发时头发易缠绕打结（图 1-2-2）。

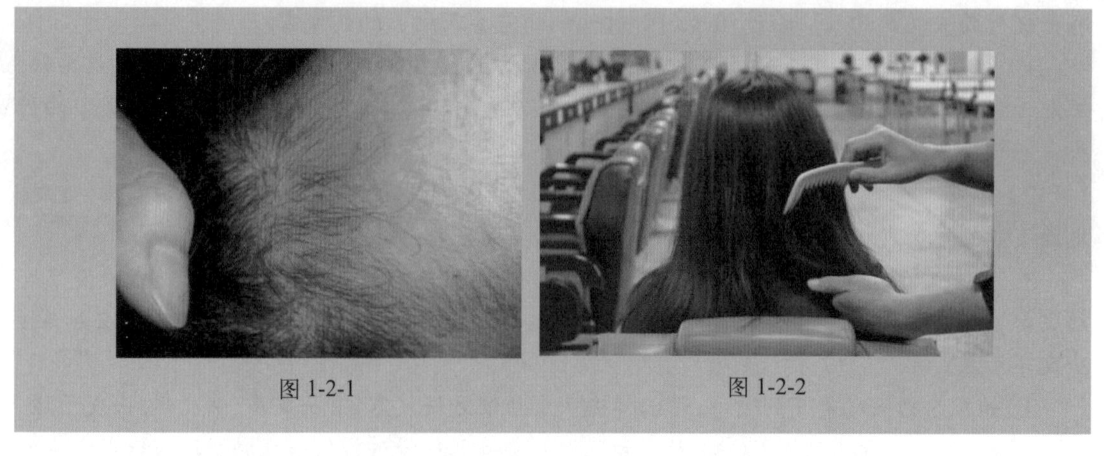

图 1-2-1　　图 1-2-2

3）围围布或穿洗发外衣。帮顾客围上毛巾和颈垫，并将松紧调整好，扶客人躺下，可在顾客胸前再搭一块毛巾（图 1-2-3）。

任务实施

水洗洗发的操作步骤如下。

1. 调节水温

用手腕内侧试水温（手腕内侧感觉最接近头皮感觉，见图 1-2-4），一般在 39 ～ 42℃，保证水温稳定后，再把喷头移到顾客的额头，询问顾客水温是否合适。如果客人对水温感到不满，立即把喷头从顾客的头部拿开，根据顾客要求调节水温，至顾客满意为止。

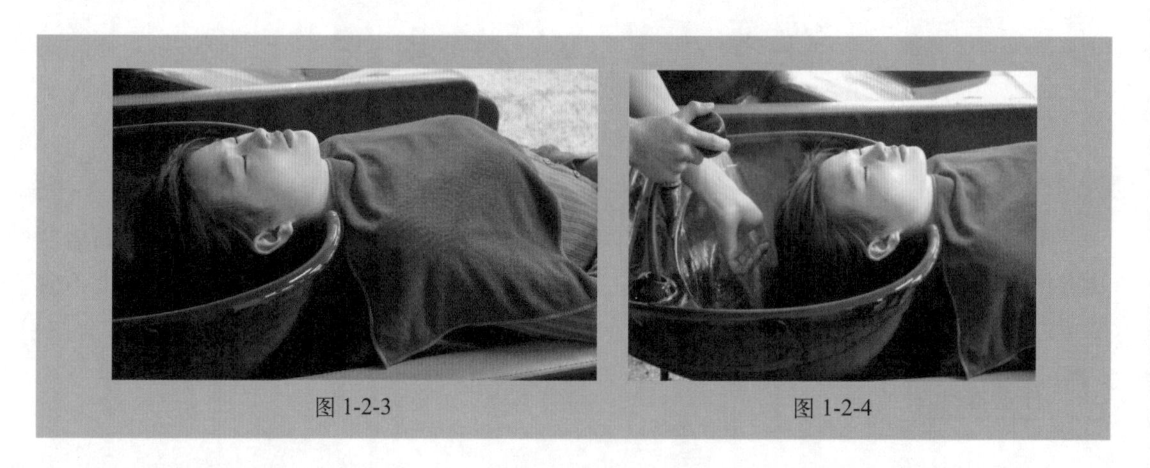

图 1-2-3　　图 1-2-4

2. 冲湿头发

用温水将头发完全冲湿，并使用空余的一只手，移动手以保护顾客的脸、耳及颈部，防止水喷在顾客的面部上。先冲前额头顶，用手掌轻轻贴在顾客头上挡水，而后冲洗左侧鬓角、右侧鬓角和脑后，见图 1-2-5。

冲洗时，一只手拿喷头，另一只手插进头发里，跟着水流的方向走，一定要冲透，见图 1-2-6。

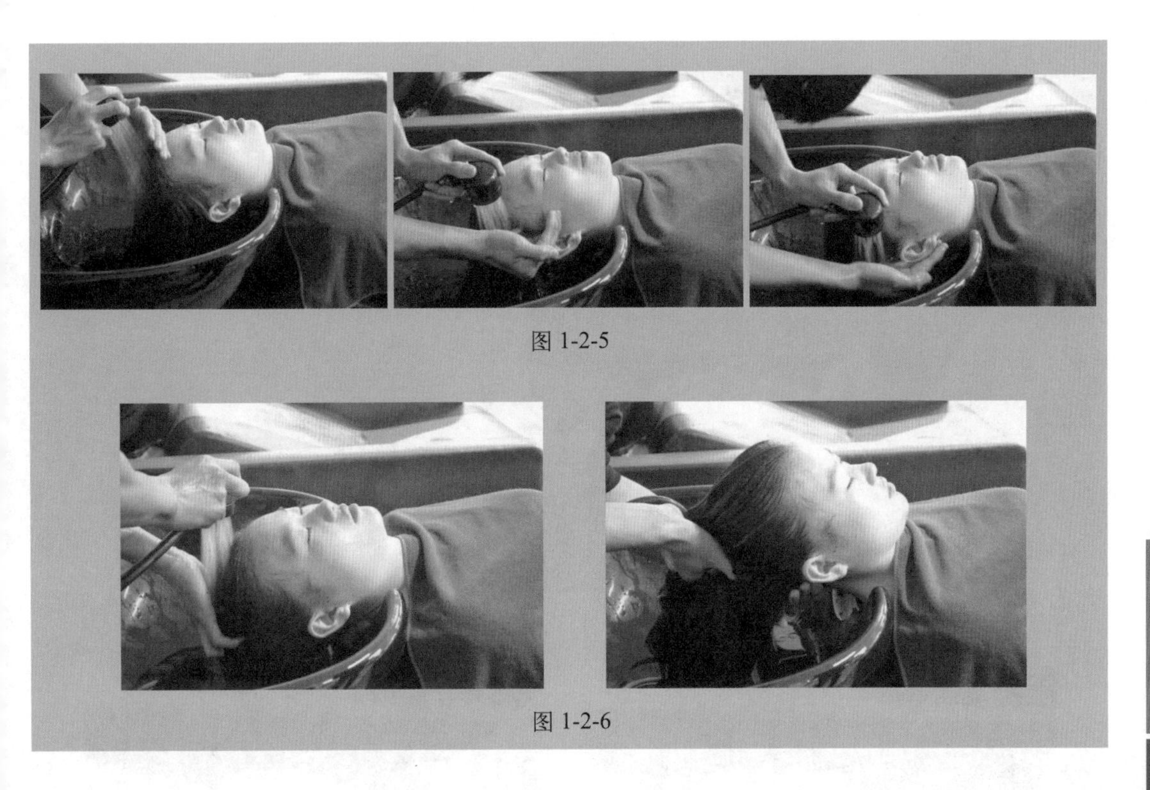

图 1-2-5

图 1-2-6

3. 涂放洗发液

先用两个手掌将适量的洗发水搓匀，再涂抹在客人耳朵两边的头发上，见图 1-2-7。

4. 开沫

双手以打圈方式揉出泡沫，泡沫适量后，将泡沫拉到发尾并延伸到全部头发，见图 1-2-8。

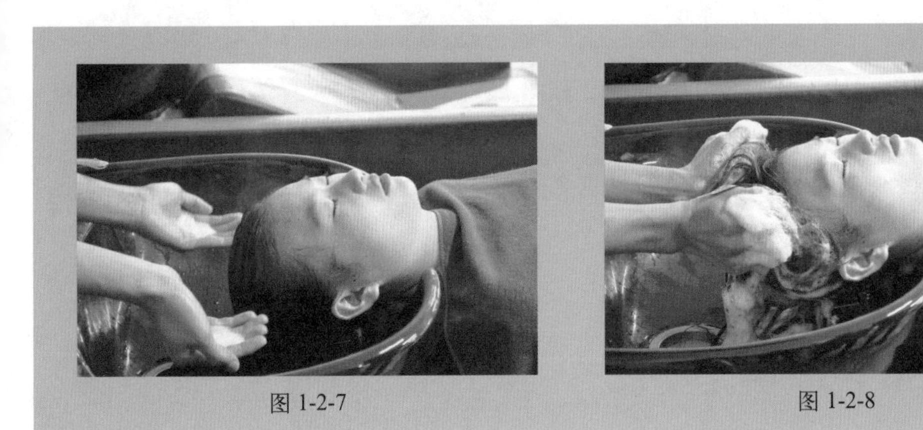

图 1-2-7　　图 1-2-8

5. 收发际线

用双手手指，在头皮上做半圆弧状的按与滑动的动作，见图 1-2-9。

6. 抓洗

1）抓洗头前部分（图 1-2-10 和图 1-2-11）。从前发际开始洗，先挠发际线边缘，同时将发际线边缘头发向后拢，然后由前发际向头顶反复抓洗。

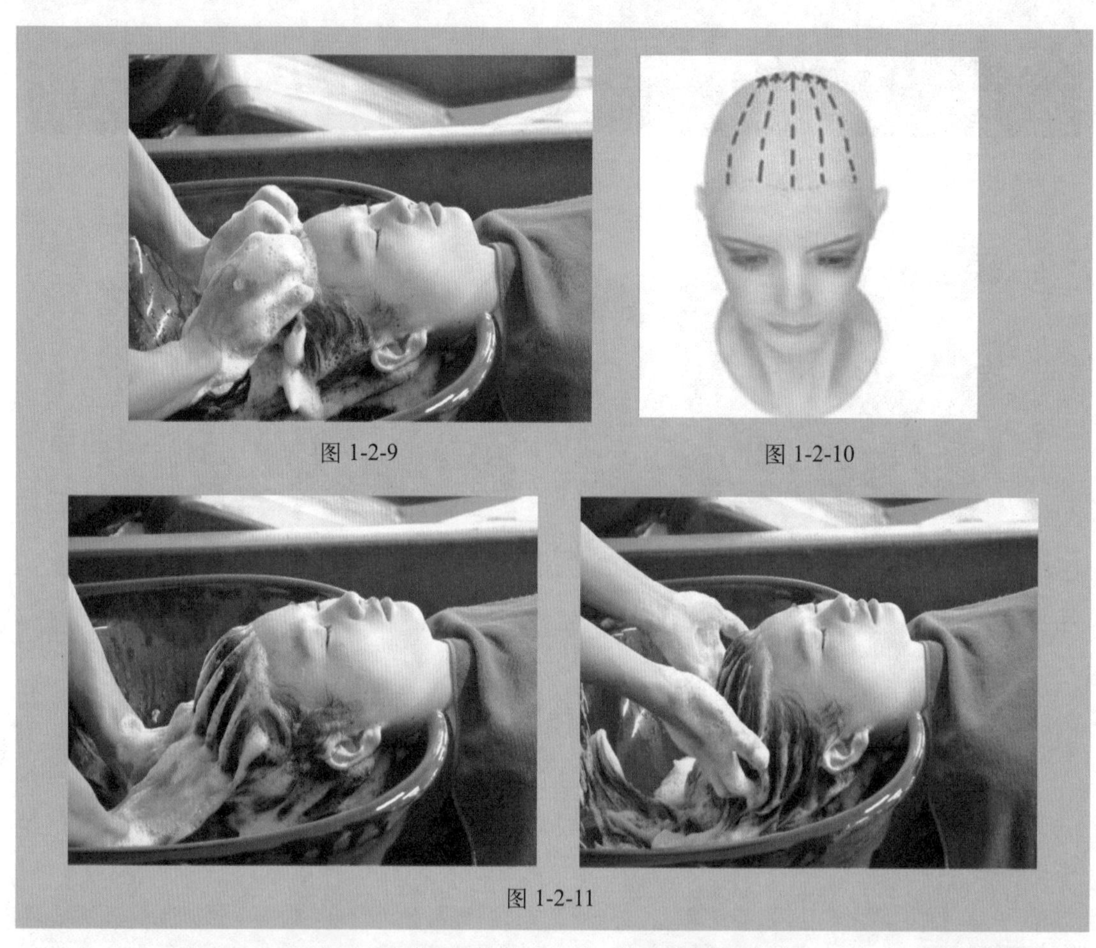

图 1-2-9

图 1-2-10

图 1-2-11

2）抓洗头部两边侧面及鬓角（图 1-2-12 和图 1-2-13）。

① 手的移动由侧发际抓洗至头顶。

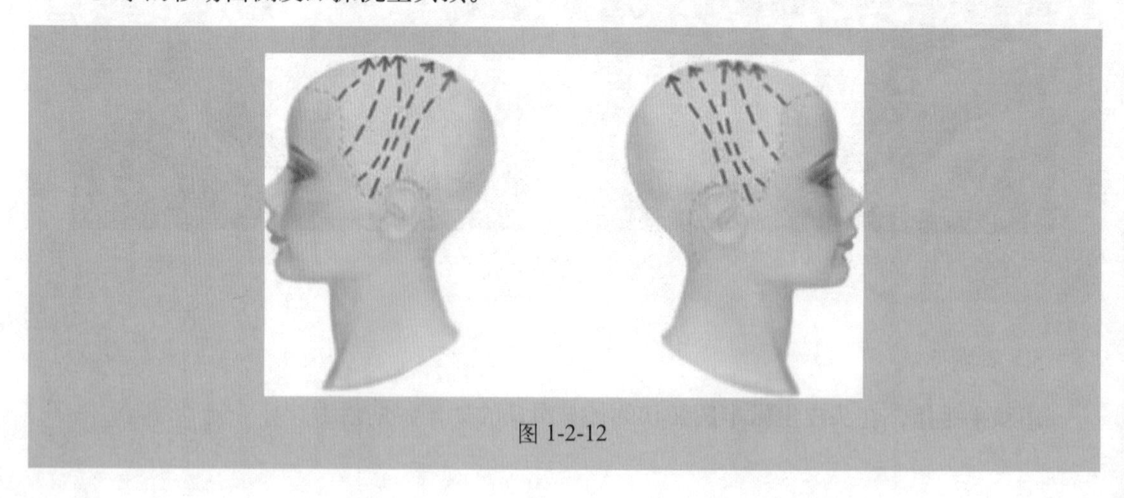

图 1-2-12

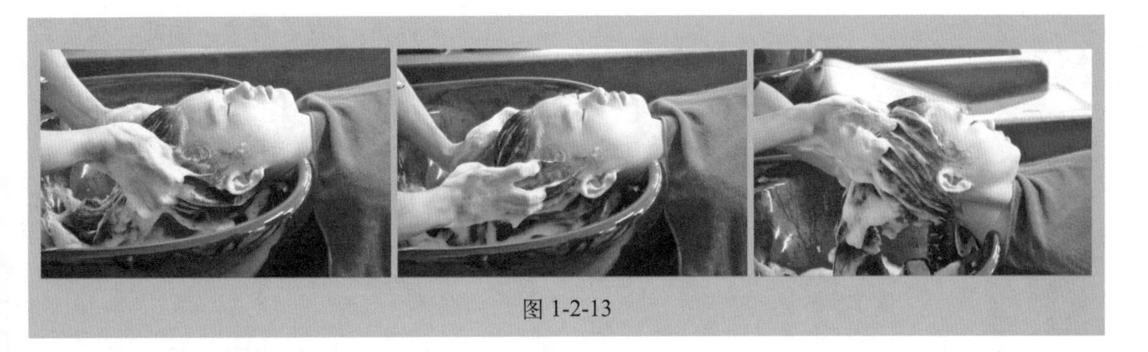

图 1-2-13

② 由鬓角抓洗到头顶。

3）抓洗头后部分。

① 手的移动由下方发际向顶部移动（图 1-2-14）。

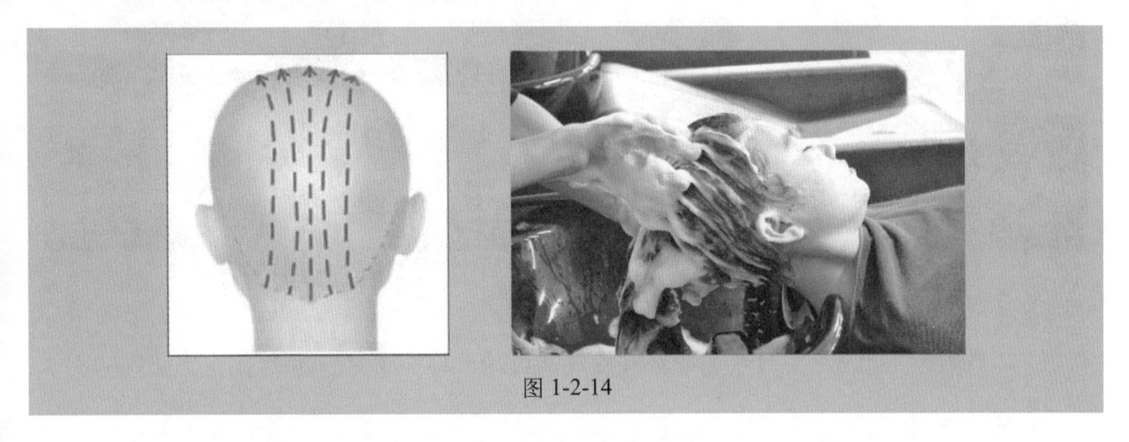

图 1-2-14

② 两手掌心托住后脑，用手指由颈部中间到头顶部抓洗后脑（图 1-2-15）。

图 1-2-15

4）抓洗头顶部及正后部分（图 1-2-16）。

① 双手手指略为张开，交叉来回搓洗。

② 移动动作以“锯齿状”进行，幅度可大可小、可轻可重，根据顾客需要调整幅度。

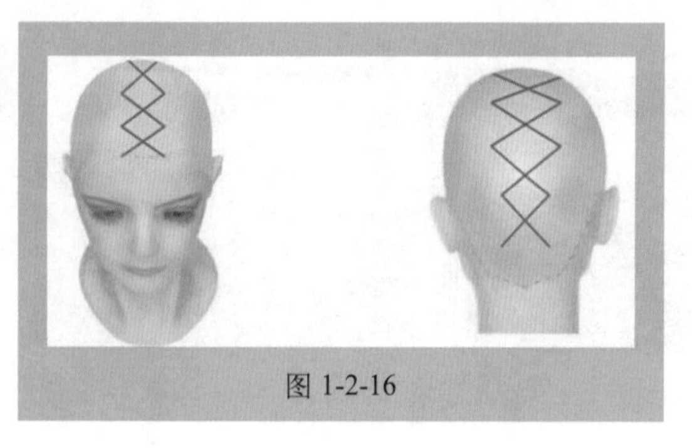
图 1-2-16

注意：抓洗一般是两次，因此，第一遍抓洗完毕，用水冲洗干净，再重新涂放洗发液抓洗第二遍。第二遍与第一遍的抓洗动作大致相同，但节奏可稍快些。抓洗时避免用指甲抓挠头皮。用一只手挠头，另一只手则托住顾客的头部。

7. 冲洗

调试好水温，然后将喷头顺发丝方向冲洗，操作时，两手配合要默契，手到水到，水到手到，一手拿喷头时，另一个手掌要张开护住顾客的前额及耳部（图 1-2-17）。

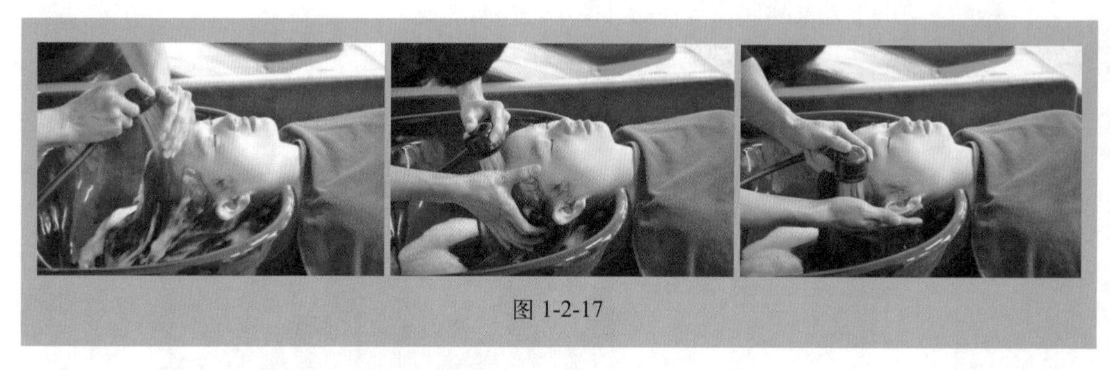
图 1-2-17

一只手拿喷头时，另一只手要顺势在发丝间抖动，将抱沫完全冲洗干净（图 1-2-18）。

8. 涂护发品

将护发素均匀地涂抹在发丝、发梢处（不要涂抹在头皮上），双手十指分开，理顺头发，轻柔 1 ～ 2 分钟，使头发得到充分滋润。

9. 冲洗护发素

将护发素冲洗干净，见图 1-2-19。如需烫发或染发则不要做护发处理。

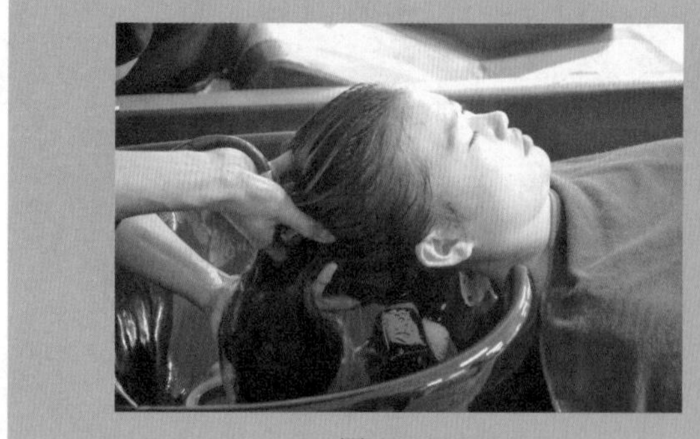
图 1-2-18

图 1-2-19

10. 包毛巾

首先，用干毛巾吸干脸部、颈部和耳部的水分（毛巾以按摩方式吸干头发的水）；其次，轻轻托起顾客的头部，用干毛巾沿发际线周围将头发包好。包毛巾时，要注意松紧合宜；最后，再轻轻托着顾客头部和肩部，告诉顾客可以坐起来了，见图 1-2-20。

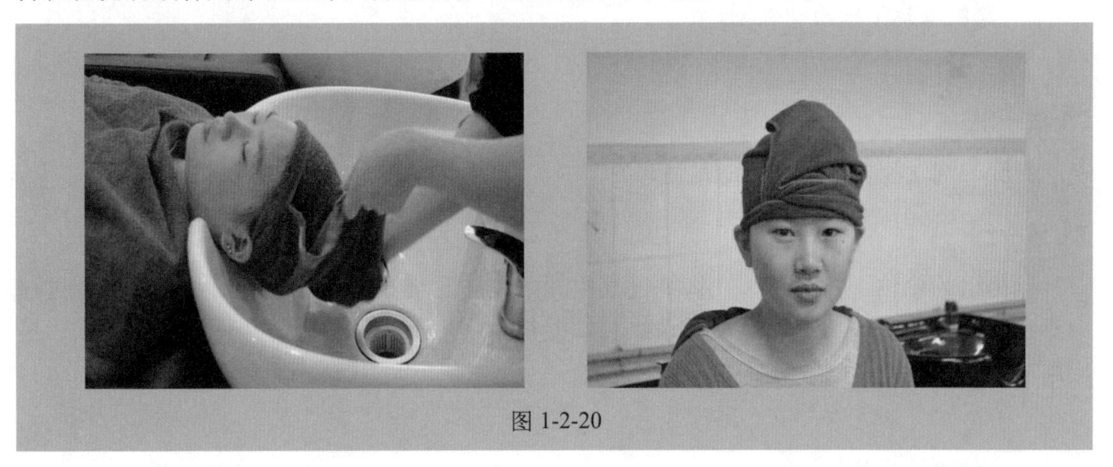

图 1-2-20

11. 头发洗净后的打理

用一大块干毛巾把头发上的水尽量吸掉，用大梳子轻轻梳理后自然晾干头发。若使用吹风机，应使用“柔和档”，在距头发 10 厘米之外将头发吹干。切忌将吹风机定位在一个地方超过 5 秒，切勿用干毛巾反复揉搓和拍打湿发。因为发根经过热水浸泡和按摩，血液循环加快，毛孔张开，若“粗暴对待”，头发易被拉断。

洗发效果不佳的表现及处理方式

1. 顾客感觉不舒服

处理方式如下。

1）洗发时间适宜，最好维持在 12 ~ 15 分钟，水温控制在 39 ~ 42℃。

2）顾客躺在洗发椅的位置不宜过高或过低。

3）洗发时，力度适中，一定要用指腹，尽量不用指甲，以免刮伤头皮。

2. 泡沫不丰富

处理方式如下。

1）洗发液与水的比例适中，不宜太稀或太稠。

2）如果头发太脏，可以增加洗发的次数。

3. 头发滑而起泡

处理方式如下。

1）对头顶发根加以彻底冲洗，清除残留在头皮发根上的洗发液。

2）用梳子把头发发根梳几下再进行冲洗。

4．发丝缠绕不易梳理

处理方式如下。

1）洗发前对头发进行梳理。

2）洗发过程中使用护发素。

说一说

水洗的洗发流程及操作方法是什么？

练一练

以小组为单位进行训练，在训练过程中，学生注意观察、学习，找出别人在操作过程中存在的问题，加以纠正，最后要求组长掌握每个学生的操作情况，并评价洗发效果，提出解决办法。

任务 1.3　头部、肩部、背部的主要穴位及作用

任务描述

按摩因可以促进血液循环、放松身体、消除疲劳而深受人们的欢迎。洗发后进行按摩，是美发店常提供的一项服务。对于一名美发师来说，有必要准确认识头部、肩部、背部的主要穴位及作用。

任务准备

1．图片准备

头部穴位图、肩颈穴位图、背部穴位图。

2．清洁准备

在上课前将手洗净擦干，便于在课堂上与同桌相互实体触按穴位。

任务实施

1．按摩的作用

美发按摩是通过各种手法作用于人体的头、肩、背部等肌表，以调整人体肌能状态，达到保健身体、消除疲劳的目的。

1）促进血液循环。

2）消除疲劳，使精神焕发。

3）促进新陈代谢。

4）增强皮肤弹性。

2. 头部主要穴位及作用

1）头部主要穴位，见图 1-3-1。

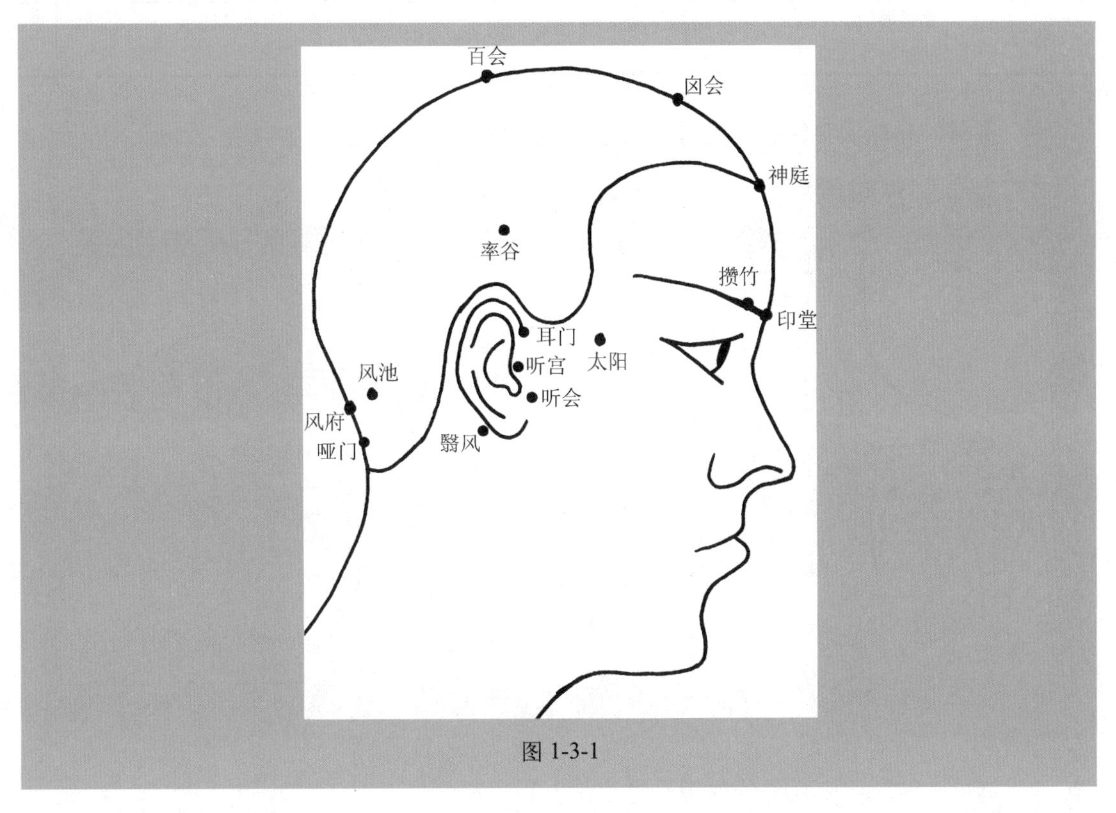

图 1-3-1

2）头部主要穴位的作用，见表 1-3-1。

表 1-3-1

穴位名称	位置描述	按摩作用
攒竹穴	位于两个眉头处	主治疏风解表、镇静安神
印堂穴	位于两眉的间隙中点	主治头痛、头晕
神庭穴	在前发际线正中上 0.167 厘米	主治头痛、头晕
百会穴	位于前顶后一寸五分处	主治头痛、昏迷不醒等
太阳穴	位于眉后，距眼角五分凹陷处	主治疏风解表、清热、明目、止痛
率谷穴	位于耳上入发际线一寸五分处	主治头痛
风府穴	位于后发际线正中一寸处	主治散热吸湿
囟会穴	位于头部，当前发际正中直上两寸（百会穴前 3 寸）	主治头痛、目眩
风池穴	在后脑部两端的凹陷处	主治发汗解表、祛风散寒、调节皮脂腺和汗腺的分泌
翳风穴	位于耳垂后方，张口取其凹陷处	主治疏风通络，改善面部血液循环
听会穴	位于耳垂直下正前方凹陷处	主治止痛

续表

穴位名称	位置描述	按摩作用
听宫穴	头部侧面耳屏前部，耳珠平行缺口凹陷中，耳门穴的稍下方	主治回收地部经水导入体内
耳门穴	耳门穴位于人体的头部侧面耳前部，耳珠上方稍前缺口凹陷中，微张口时取穴	主治降浊升清
哑门穴	在顶部后正中线上，第一与第二颈椎棘突之间的凹陷处（后发际凹陷处）	主治收引阳气

3. 肩部、背部主要穴位及作用

1）肩部、背部主要穴位，见图 1-3-2。

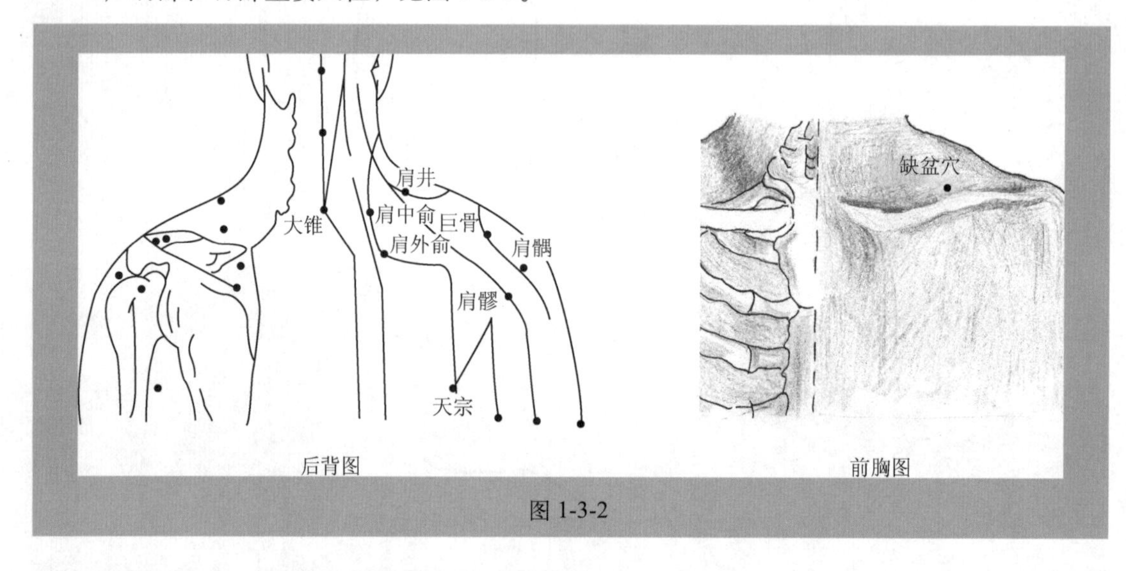

图 1-3-2

2）肩部、背部主要穴位的作用，见表 1-3-2。

表 1-3-2

穴位名称	位置描述	按摩作用
肩井穴	位于大椎穴与肩峰连线中间	主治肩背部疼痛
大椎穴	位于第七颈椎与第一脑椎棘突之间	主治肩背部疼痛、发热、中暑、咳嗽等
肩中俞穴	位于人体的背部，第七颈椎棘突下，旁开两寸	主治咳嗽，气喘，肩背疼痛，目视不明
肩外俞穴	位于背部第一胸椎和第二胸椎突起中间向左右各四指幅处	主治肩膀僵硬、耳鸣
巨骨穴	位于肩上部，当锁骨肩峰端与肩胛冈之间凹陷处	主治肩臂挛痛不遂、瘰疬、瘿气
肩髎穴	位于人体的肩部，肩髃穴后方，当臂外展时，于肩峰后下方呈现凹陷处	主治臂痛，肩重不能举
肩髃穴	位于肩峰端下缘，当肩峰与肱骨大结节之间，三角肌上部中央	主治肩臂挛痛、上肢不遂等肩、上肢病症
天宗穴	位于肩胛骨下窝中央凹陷处，约肩胛冈下缘与肩胛下角之间的上 1/3 折点处	主治肩胛疼痛、肩背部损伤等局部病症
缺盆穴	位于人体的锁骨上窝中央，距前正中线 4 寸	主治咳嗽、气喘、咽喉肿痛

知识拓展

头部按摩注意事项

尽管在头部按摩中所使用的产品，如精华油、精华素或膏类产品对头皮有好处，但这些产品可能会遗留在头发中，而且通过按摩增加刺激可能会使顾客的头皮过敏。所以不能在化学产品使用之前马上进行头部按摩，而是要注意顾客的头发和头皮的状况及产品的使用说明。

说一说

1. 头部的主要穴位及作用是什么？
2. 肩部、背部主要穴位的作用是什么？

练一练

1. 与同桌比赛，相互指出对方的攒竹穴、神庭穴、百会穴、太阳穴、风府穴、风池穴、翳风穴、听宫穴、耳门穴等头部穴位，比比看谁指得多。
2. 与同桌比赛，相互指出对方的肩井穴、大椎穴、肩中俞穴、肩外俞穴、巨骨穴、肩髎穴、肩髃穴、天宗穴、缺盆穴等穴位，比比看谁指得多。

任务 1.4 按　　摩

任务描述

在给顾客洗完头发后，对其头部、肩颈及背部等处进行穴位按摩，可让顾客感到轻松舒服，减少疲劳，从而取得健体强身的效果。头部、肩颈及背部的按摩强调适当的节奏性与方向性，手法要由轻到重、先慢后快、由浅及深、由表及里，以达到轻柔、持久、均匀、有力的手法要求。

任务准备

1. 清洁准备

清洁双手，让顾客坐在一张椅子上，然后为其披上湿发服务围布，梳顺头发。

2. 知识准备

准确认识头部、肩颈及背部穴位。

任务实施

1. 按摩的主要手法

头部、肩颈、背部的按摩手法主要有按法、摩法、拿捏法、点法、揉法、击法。

2. 头部、颈部按摩程序及方法

(1) 松弛头部

双手十指略分开、略张地插入头发中，十指并拢，夹住头发轻轻向外提拉，见图 1-4-1。

(2) 点穴

面部穴位，如印堂、攒竹、鱼腰、丝竹空（图 1-4-2)。

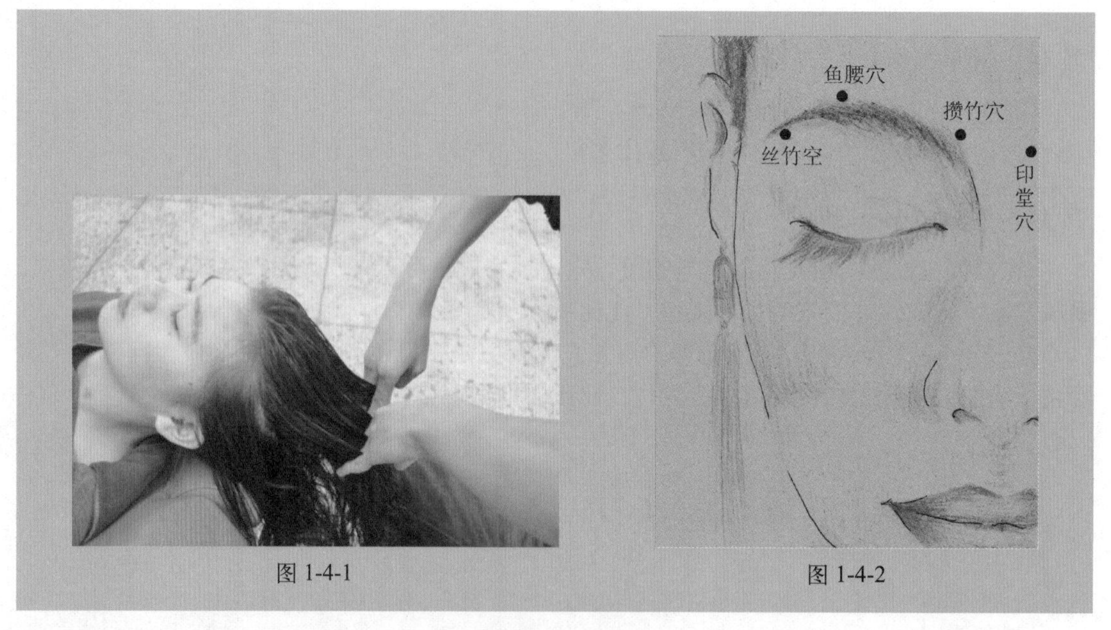

图 1-4-1

图 1-4-2

手法 1：以顺时针或逆时针方向绕圈的方式揉按。

手法 2：以顺时针或逆时针方向绕圈的方式揉按，再带力按压穴位（图 1-4-3)。

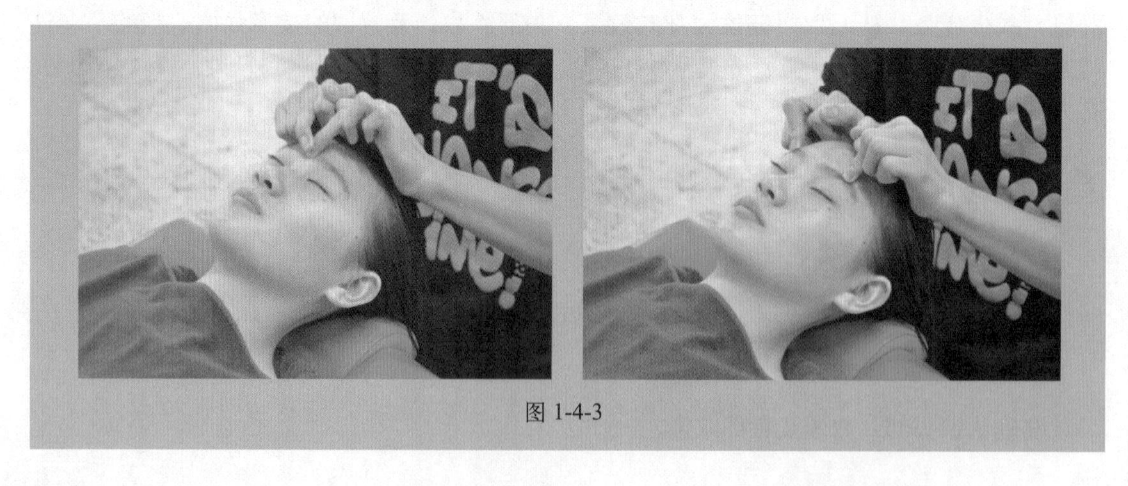

图 1-4-3

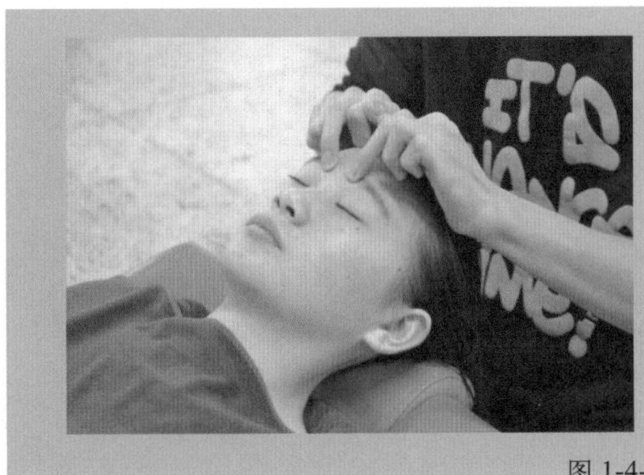
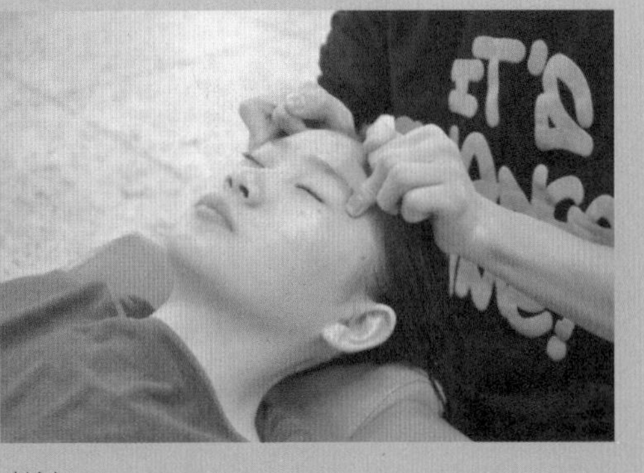

图 1-4-3（续）

手法 3：食指、中指分别按住太阳穴，顺时针或逆时针方向以绕圈的方式揉按，先揉几下，随后将手指轻提，稍作停顿再沿穴位按一下（图 1-4-4）。

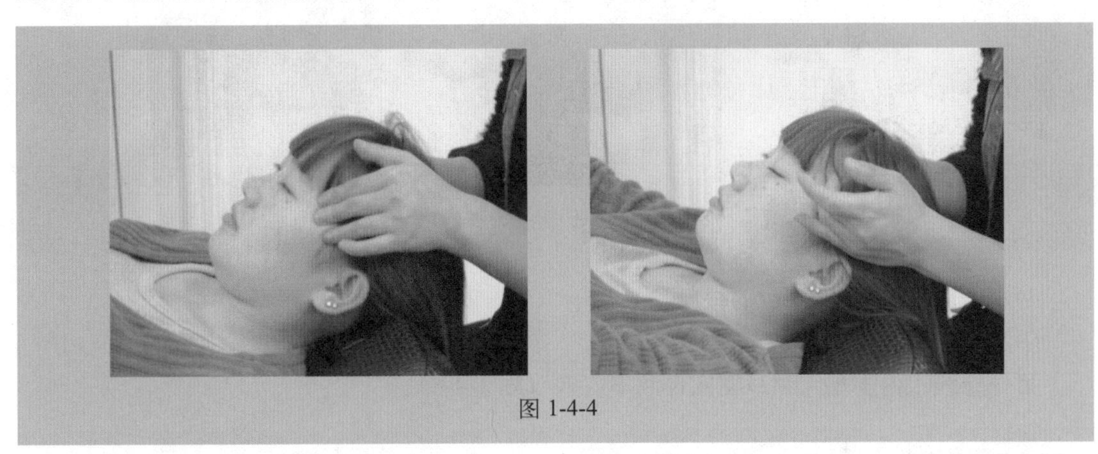

图 1-4-4

（3）头部按摩

1）头部纵向三条线穴位的按摩。

手法：点按，即从一个穴位用按摩法移动到下一个穴位，反复几次。

第一条线：由神庭穴到百会穴（图 1-4-5）。

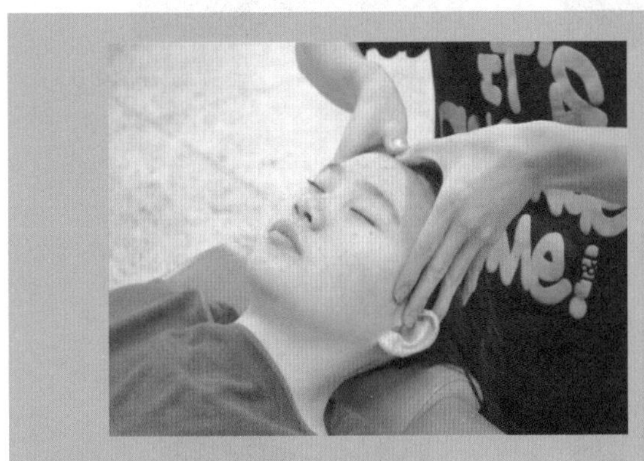
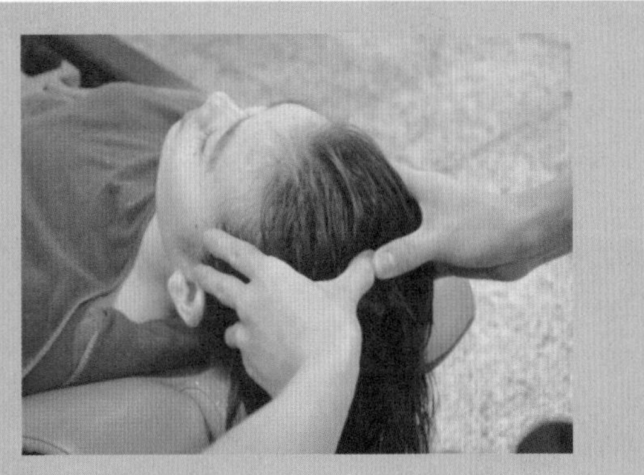

图 1-4-5

第二条线：由临泣穴到后顶穴（图 1-4-6）。

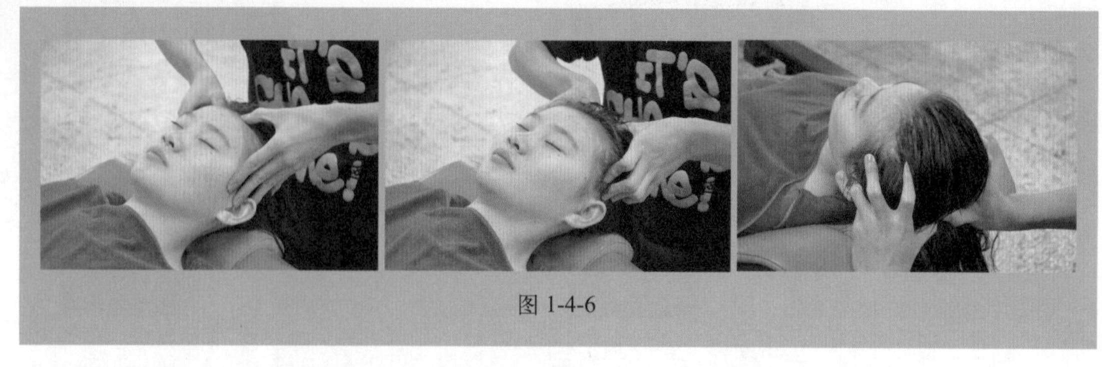

图 1-4-6

第三条线：由头维穴到脑空穴（图 1-4-7）。

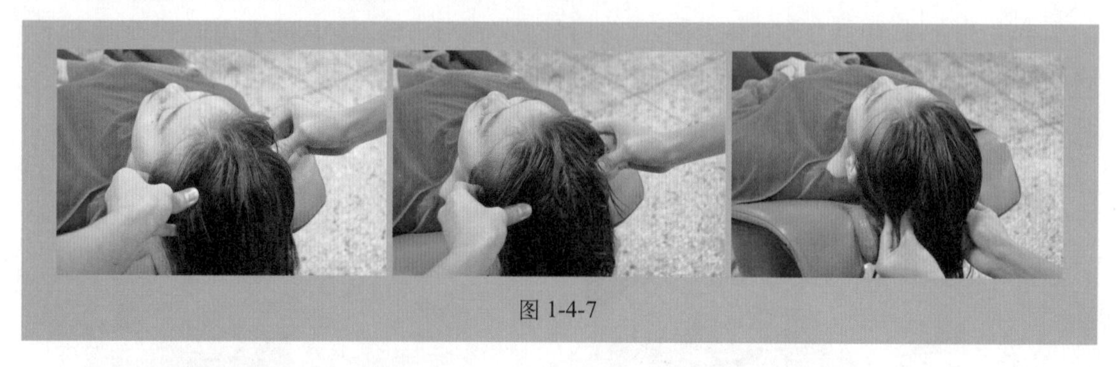

图 1-4-7

2）头部横向三条线穴位的按摩。

手法：点按穴位。

第一条线：由上星穴到目窗穴再到率谷穴（图 1-4-8）。

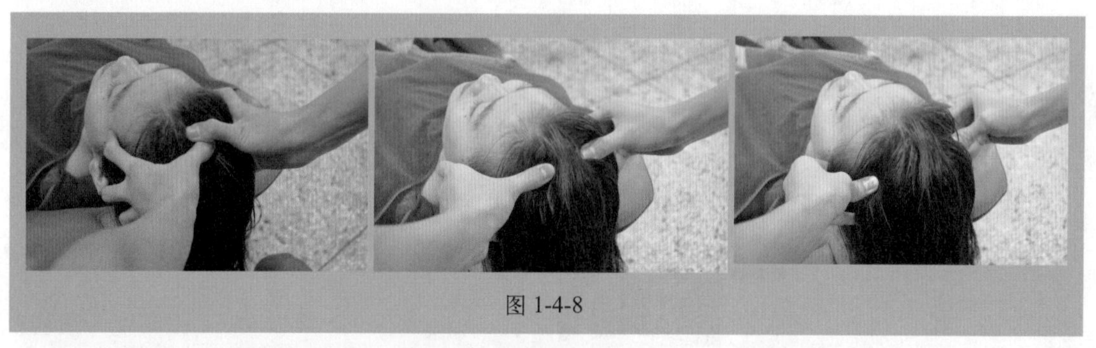

图 1-4-8

第二条线：由囟会穴到正营穴再到率谷穴（图 1-4-9）。

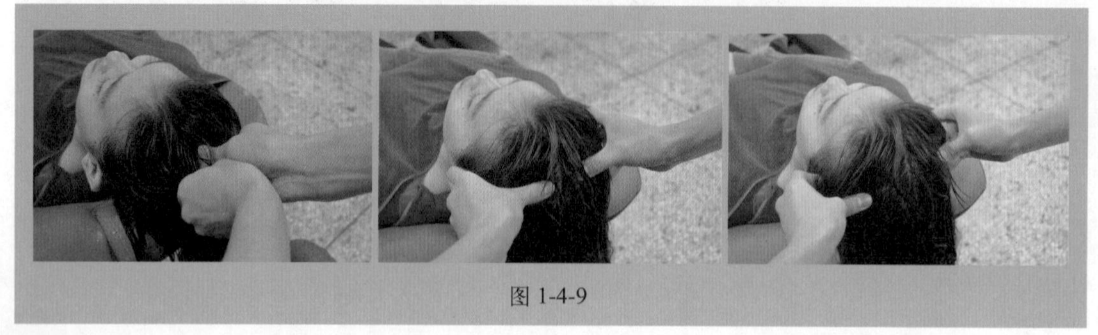

图 1-4-9

第三条线：由百会穴到承灵穴再到率谷穴（图 1-4-10）。

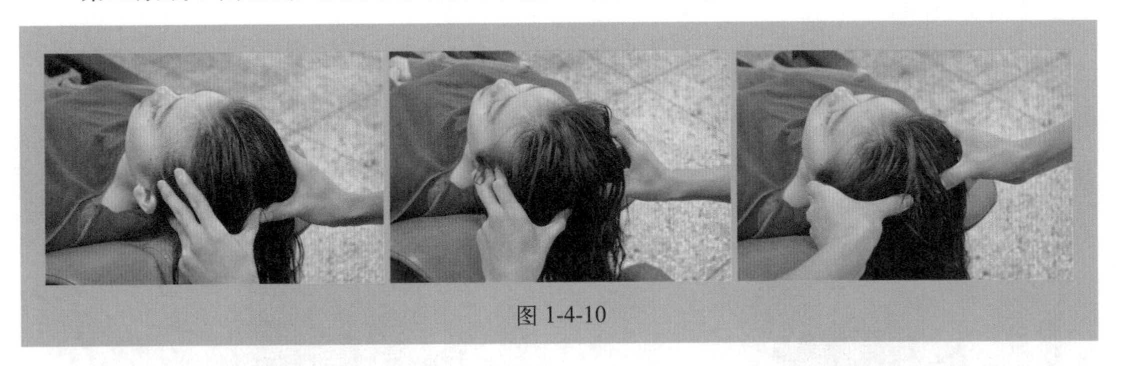

图 1-4-10

3）从发际线到后顶部的按摩。

手法：双手五指分开、重叠，将手指头放在前额上，缓慢而平稳地朝后移动，用适度的力度点按直到后顶部（图 1-4-11）。

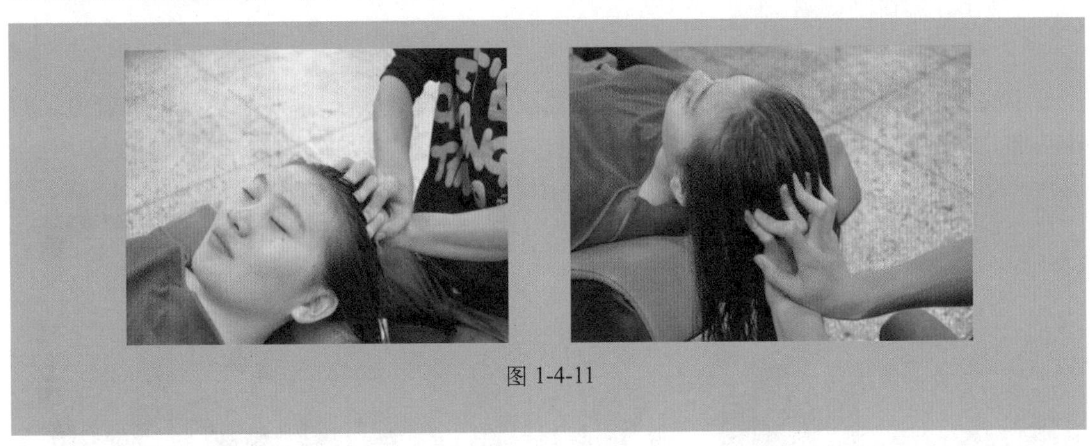

图 1-4-11

4）点压。

手法：用指端在所有穴位上用力向下点压（图 1-4-12）。

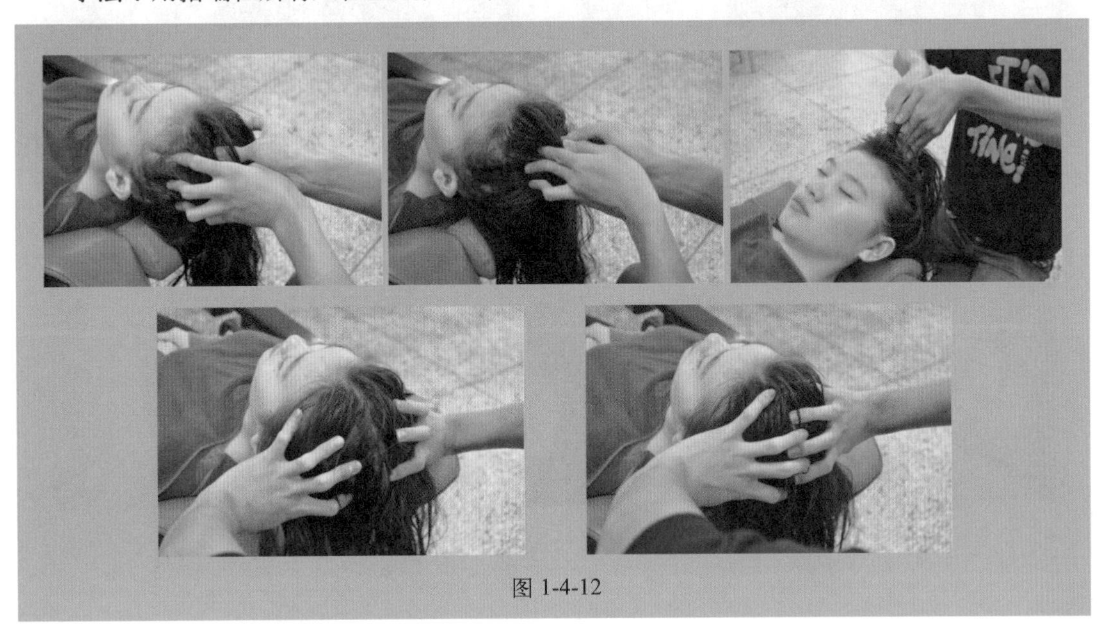

图 1-4-12

5）敲击头部。

手法 1：用手指的侧面及手掌侧面依靠腕关节摆动击打按摩部位，力度均匀而有节奏（图 1-4-13）。

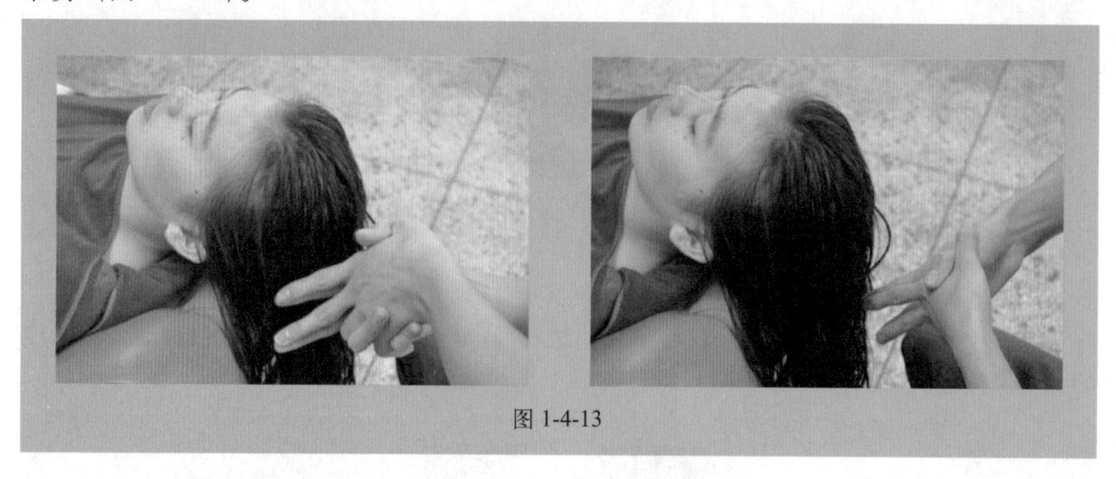

图 1-4-13

手法 2：双手合十，掌心空虚，腕部放松，快速抖动手腕，以双手小指外侧着力，叩击头部，从头顶至颈部轻扣头皮（图 1-4-14）。

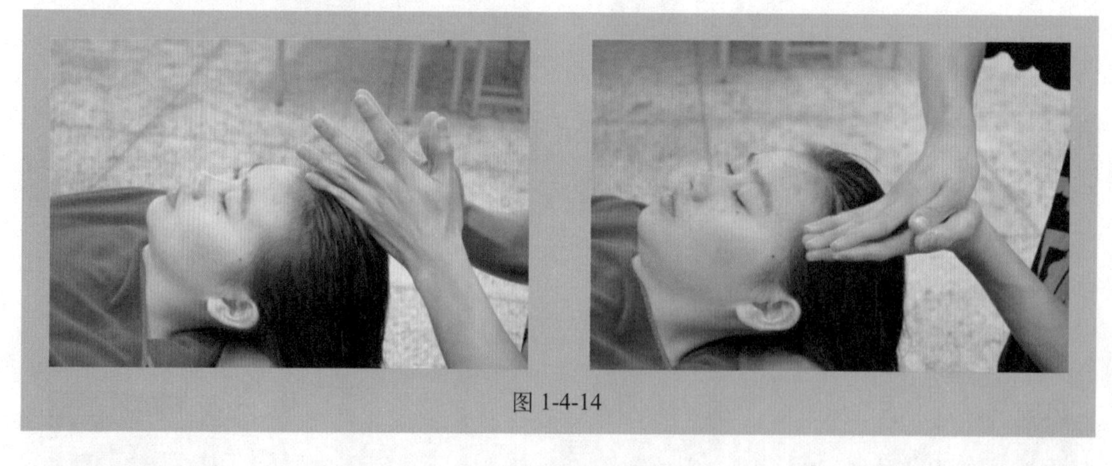

图 1-4-14

手法 3：先用一只手轻抚头部，然后用握空心拳的另一只手敲打其手背，或者双手握空心拳敲打头部（图 1-4-15）。

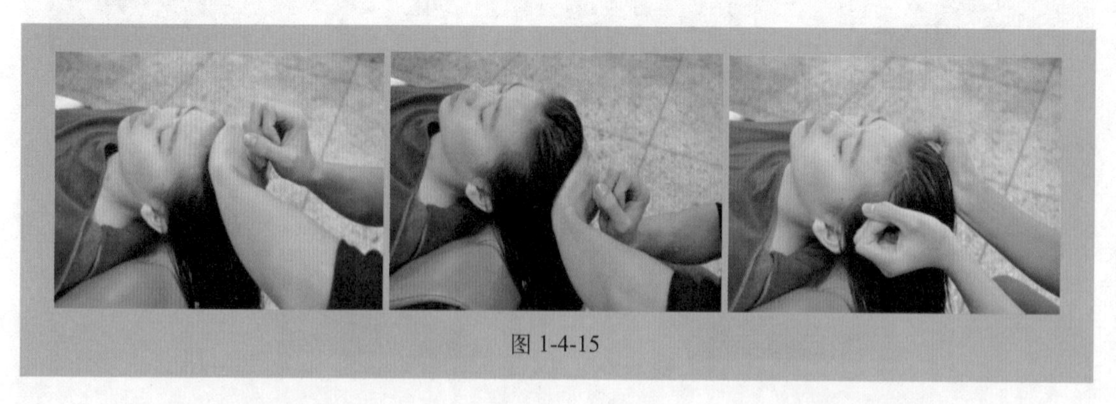

图 1-4-15

6）轻弹头顶部。

手法：指尖并拢成梅花状，用指尖在皮肤表面一定部位上做垂直上下击打动作（图 1-4-16）。

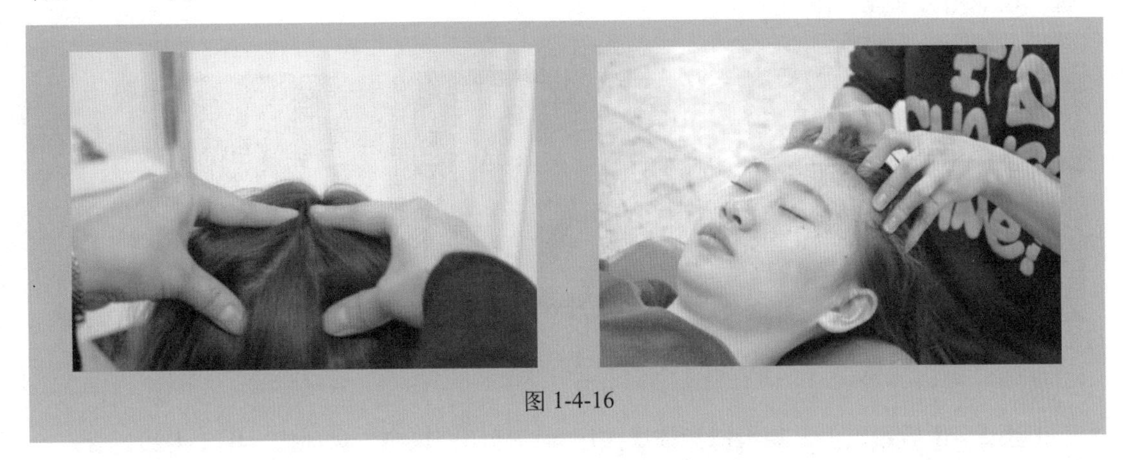

图 1-4-16

（4）再次放松头部

手法：双手十指略张插入头发中，十指并拢夹住头发轻轻向外提拉（图 1-4-17）。

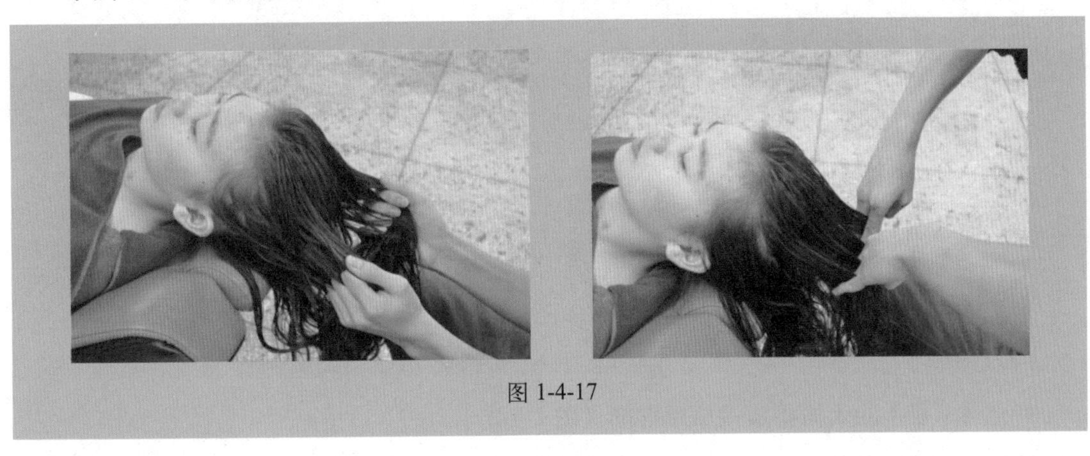

图 1-4-17

（5）耳部按摩

按摩手法：揉按。

双手的大拇指、食指分别沿耳轮揉按耳门、听宫、听会、翳风穴位（图 1-4-18）。

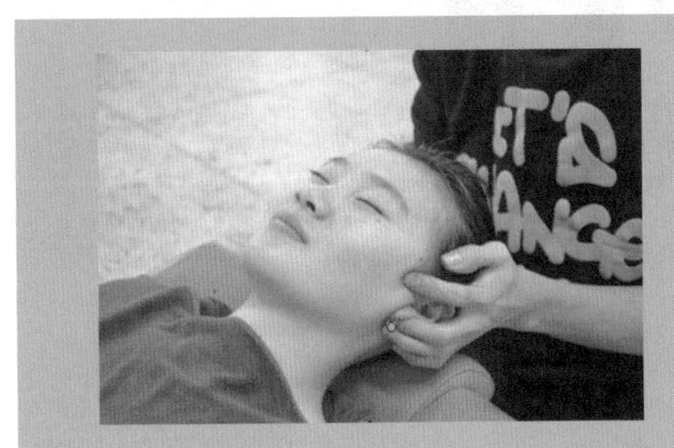

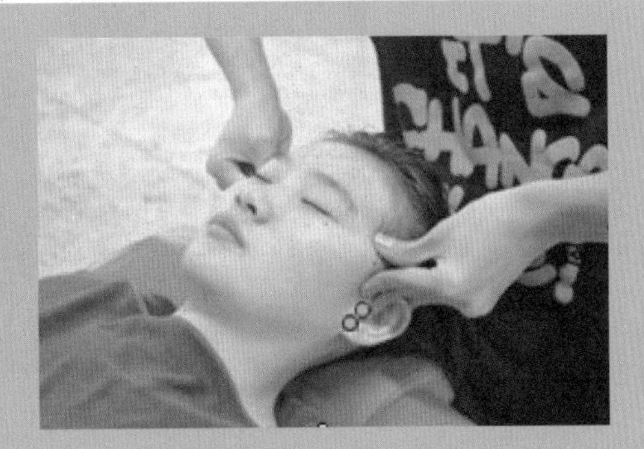

图 1-4-18

（6）颈部按摩

手法 1：将大拇指与食指、中指或大拇指与其余四指卷曲成弧形，在所选定的穴位处，一握一松地用力拿捏（图 1-4-19）。

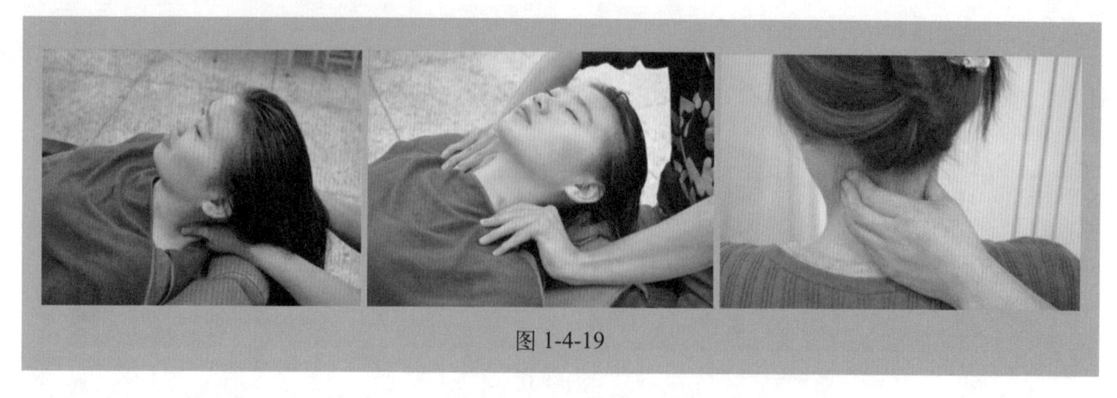
图 1-4-19

手法 2：由后颈向上，用大拇指依次按压揉动哑门、风府、风池穴（图 1-4-20）。

手法 3：用大拇指、食指、中指按摩颈椎部（图 1-4-21）。

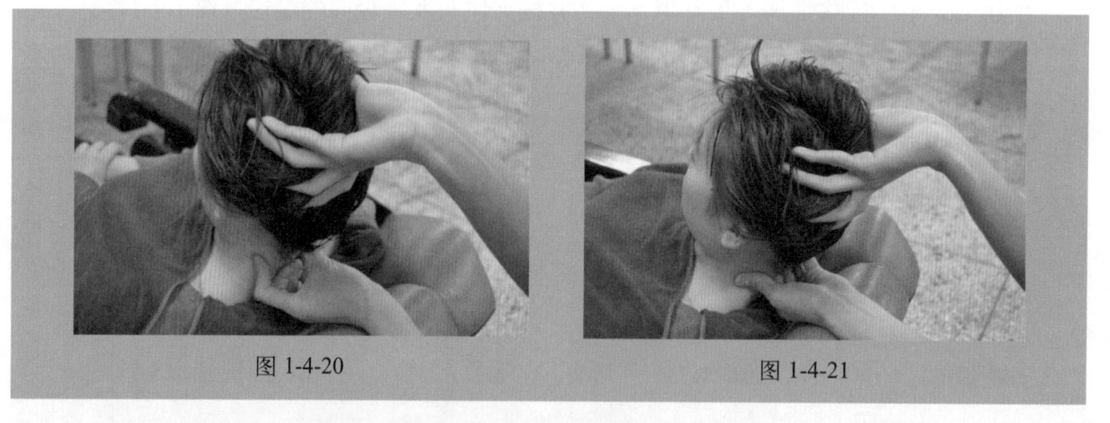
图 1-4-20　　图 1-4-21

手法 4：双手的大拇指腹按摩颈椎部（图 1-4-22）。

图 1-4-22

3. 肩部、背部按摩的程序及方法

1）双手从后发际处开始向下拿捏颈部数次（图 1-4-23）。

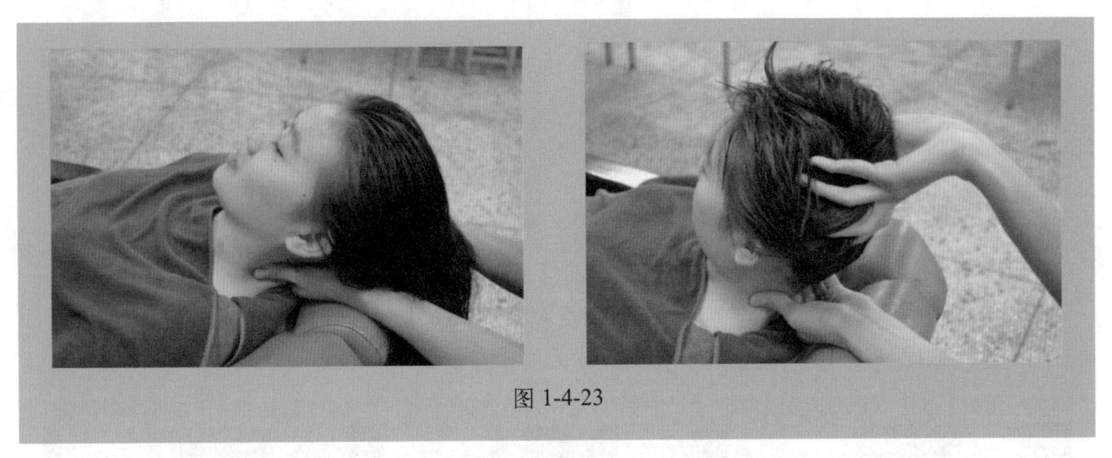

图 1-4-23

2）大拇指从后发际线处开始向下揉至脖根处，来回反复数次（图 1-4-24）。

图 1-4-24

3）双手拿捏肩部肌肉。

① 躺式拿捏（图 1-4-25）。

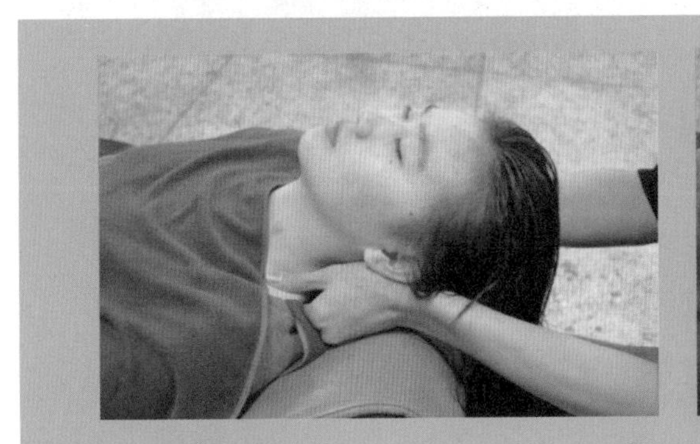

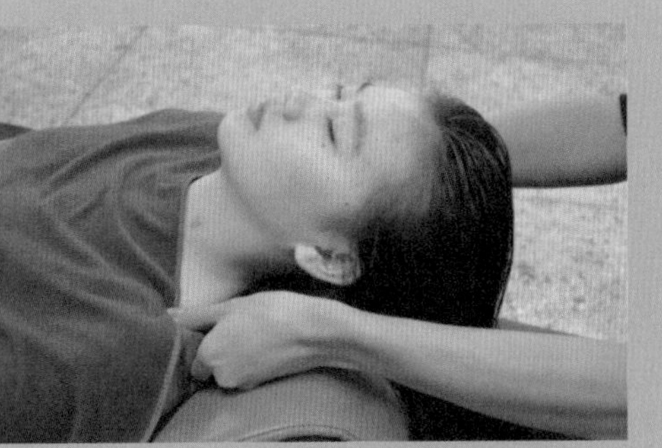

图 1-4-25

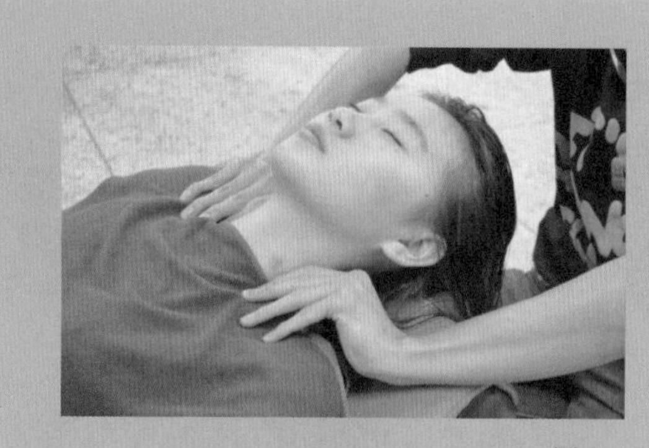
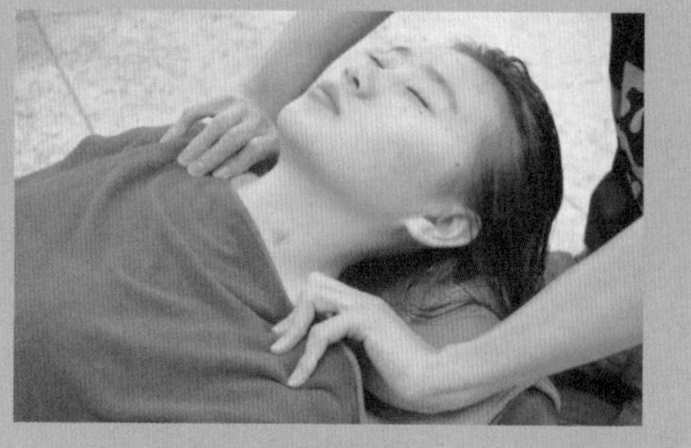

图 1-4-25（续）

② 坐式拿捏（图 1-4-26）。

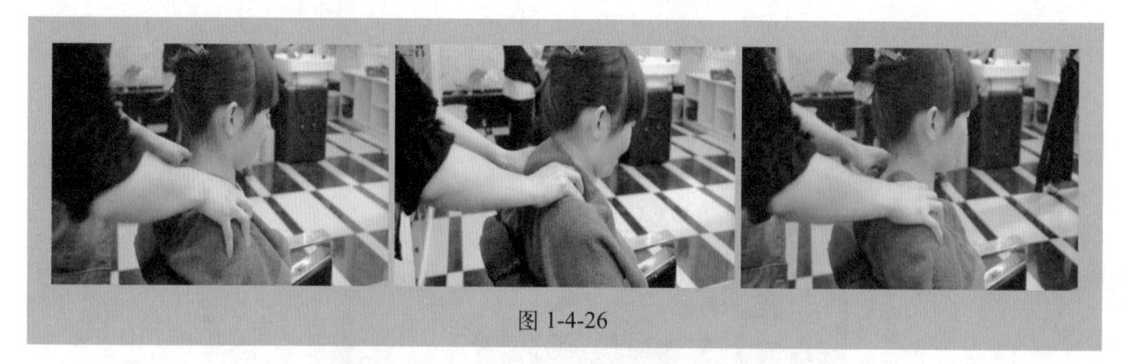

图 1-4-26

4）点、按肩上穴位：肩井穴、肩外俞穴、天宗穴、大椎穴（图 1-4-27）。

操作方法：用指端在所用穴位上垂直向下点、压、揉。

操作要求：操作时应舒缓有力，动作要连贯、协调、有节奏，由轻渐重。

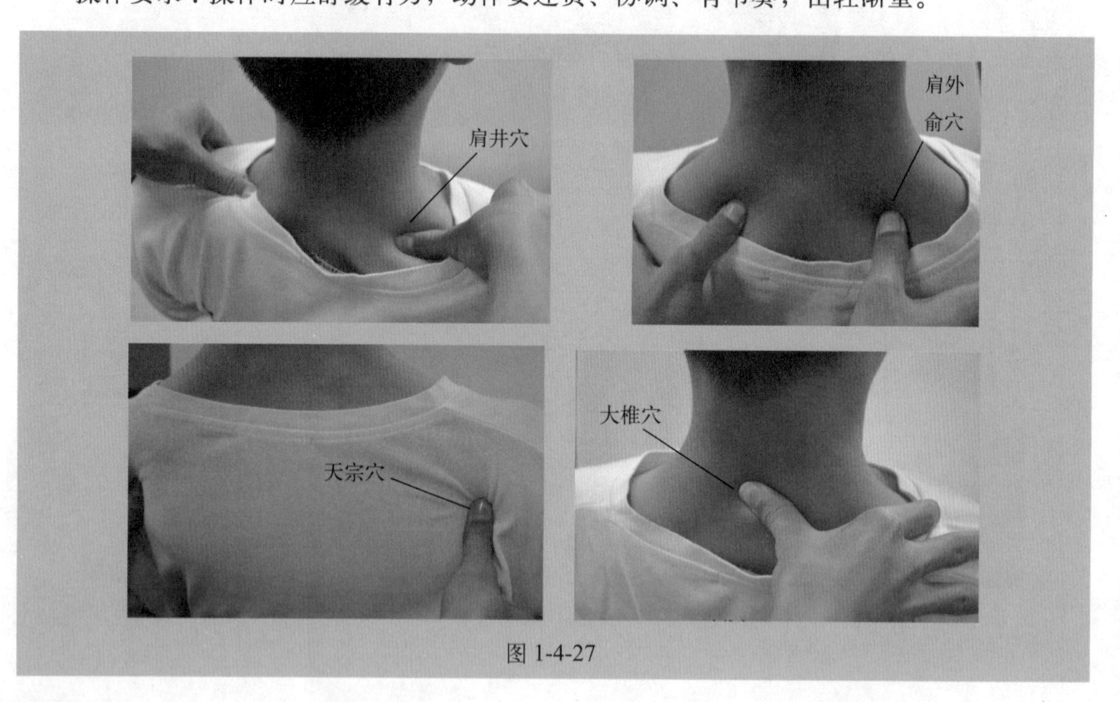

图 1-4-27

5）双手合拢敲击肩部数次（图 1-4-28）。

操作方法：双手掌心相对，用手指的指侧面及掌侧依靠腕关节摆动击打按摩部位，力度均匀而有节奏。

操作要求：不可重拍，要注意节奏，用腕力而不是臂力。

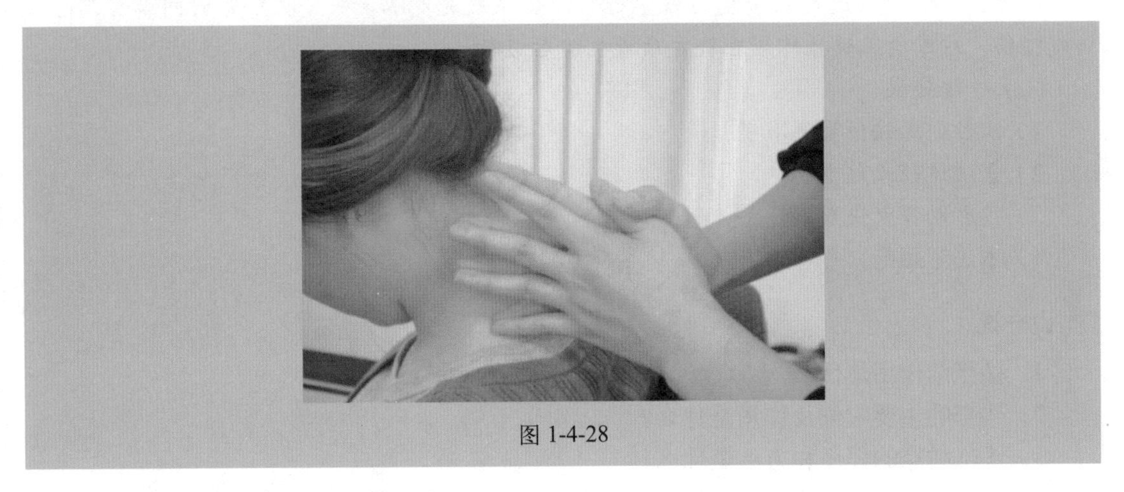

图 1-4-28

6）抖动顾客的左右手臂数次（图 1-4-29）。

7）双手拍打顾客肩部及颈部（图 1-4-30）。

操作方法及操作要求同 5）。

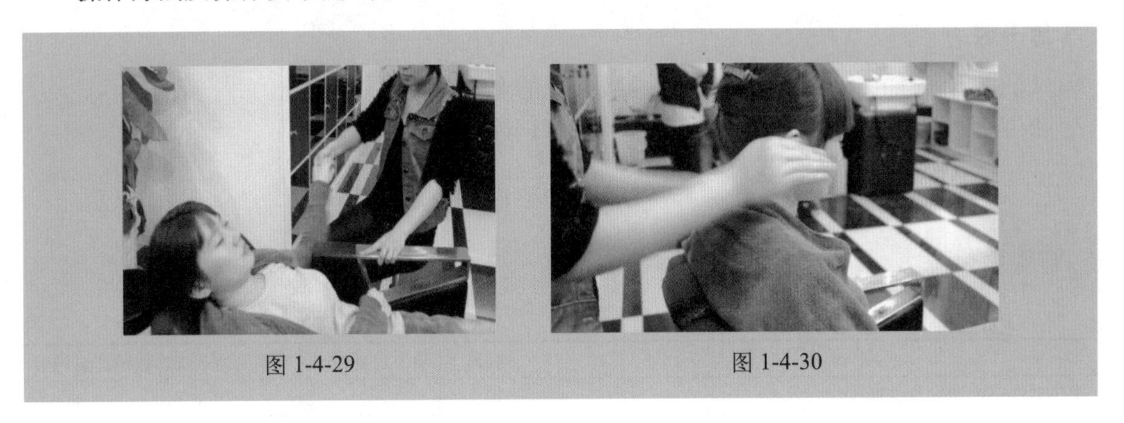

图 1-4-29　　图 1-4-30

知识拓展

按摩的注意事项及易出现的问题

1．按摩的注意事项

1）洗发过程中的头部按摩强调适当的节奏性和方向性，手法要由轻到重、先慢后快、由浅及深，以达到轻柔、持久、均匀、有力的手法要求。

2）洗发按摩以头部按摩为主，配以肩部、背部按摩，按摩后顾客应感到轻松舒适。

3）按摩时间长短、力度轻重应先征求顾客意见，再进行操作。

4）对患有明显头部皮肤病及严重心脏病的顾客禁忌按摩。

2．按摩易出现的问题

（1）程序性错误

头部按摩的时间选择在洗发过程中进行，会导致洗发水在头发上停留时间过长，造成头发损伤。按摩的正确操作应在洗发后或刮脸后进行。

（2）手法错误

1）穴位的点按位置不准确。

2）手法过轻或过重。

3）按摩动作太快或太慢。

4）手法不规范。

说一说

1．按摩的作用是什么？

2．头部的主要穴位及作用是什么？

3．头部按摩的程序和方法是什么？

4．肩部、背部的主要穴位及作用是什么？

5．肩部、背部按摩的程序及方法是什么？

6．按摩的注意事项是什么？

练一练

1．指出同桌的头部、肩部、背部主要穴位的名称。

2．学生之间进行头部、肩部和背部的按摩训练。

评价标准	满分	学生自评得分	学生互评得分	教师评定得分
能按顺序完成洗发及按摩操作	10			
洗发动作规范，两手配合默契，力度适中，泡沫丰富，节奏均匀，抓洗充分	20			
冲洗动作连贯，能保护好顾客不被水浸湿，并将头发冲净、冲透	20			
按摩手法运用得当，穴位点按准确，可达到持久、有力、均匀、柔和的手法	30			
顾客感觉轻松舒适	10			
发丝洁净、光滑、亮丽	10			
总分	100			

项目2 盘发基础

学习目标

1. 掌握盘发的基本手法。
2. 掌握发辫的编结手法。
3. 掌握盘包的基本手法。

任务2.1 盘发的基本手法

任务描述

盘发即把头发盘成发髻，看似复杂、烦琐，实际上盘发是由各种基本手法组合而成的，只有熟练掌握这些基本手法，将其合理运用在盘发造型中，才能盘卷出有创造力、多样的盘发造型。盘发的基本手法有扎束、缠绕、发环、逆梳、发卷、波纹等。

任务准备

1. 对象准备

盘发前，美发师应先为顾客清洗头发，保证头发干净。日常练习盘发时可以用头模。

2. 工具准备

盘发用到的工具有很多，常用的盘发工具有尖尾梳、包发梳、发夹、卡子、卷发钳（电热棒）、发胶、发蜡、橡皮筋、喷壶等。

任务实施

1. 扎束

扎束就是将所有或部分头发用皮筋固定在某个部位上，形成马尾状。根据扎束位置的高低，通常可以分为高、中、低三种，见图2-1-1。

高位马尾：位于头顶部，与下颌呈45°倾斜。

中位马尾：位于头顶部与枕骨之间。

低位马尾：位于枕骨下方，后发际之上。

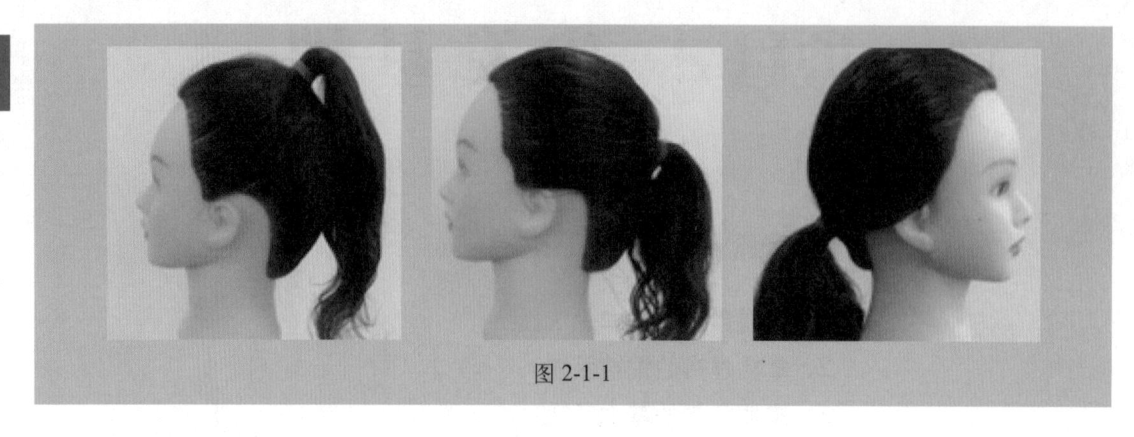

图 2-1-1

扎束的操作手法如下。

1）将钢发夹挂在皮筋的一头。

2）左手握住头发并把皮筋的另一头套在左手大拇指上，右手用钢发夹带着皮筋顺时针绕过头发根部。

3）钢发夹从皮筋内穿出再反方向绕皮筋，绕紧后将钢发夹横向固定在发根处。

扎束造型见图 2-1-2。

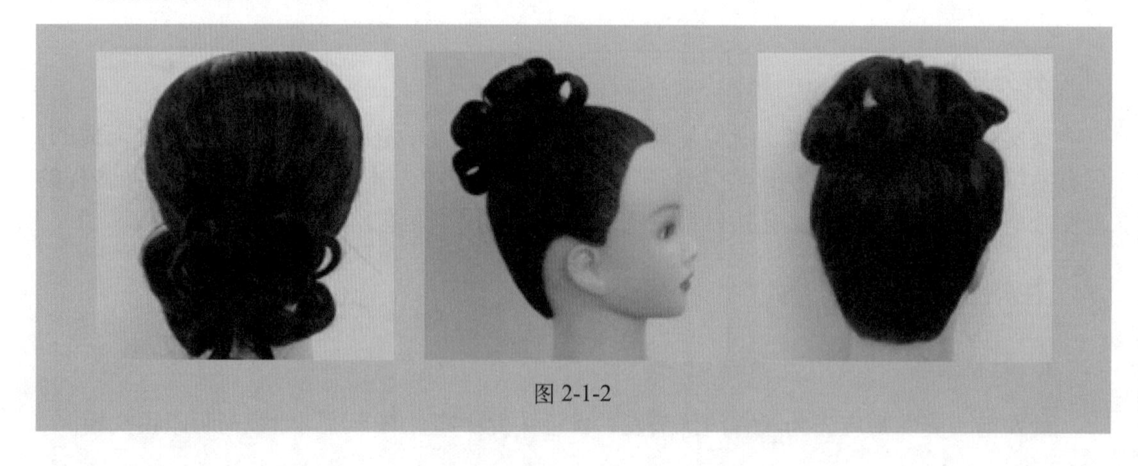

图 2-1-2

2. 缠绕

缠绕又叫扭绕，是指将一股或两股头发加以旋转，紧密或宽松地扭成一种绳状的手法。缠绕可以使发量减到最少，塑造出小巧和紧密的发型。

缠绕的操作手法如下。

1）扎高位马尾。

2）将马尾头发按发量分成若干股小发束，取一股小发束沿同方向旋转，扭成一股绳状。

3）根据设计摆放绳状头发，用发夹固定。

3. 发环

将一束头发由发根开始一圈圈绕到手指上，抽出手指后即成环状。根据发型设计的需要，可以做成单环或连环。发环做好成型后，还可以将头发打开，形成自然的螺旋下垂状，起到点缀作用。

4. 逆梳

逆梳是指用发梳逆着头发的生长方向梳理，使头发变得蓬松，造成凌乱的效果。逆梳能够增加发型饱满度，为发卷、包发等技法做基础准备。

逆梳的操作手法：左手握住发梢处，右手持发梳向发根处反复逆向梳理，一边向根部逆梳，左手要适当将头发慢慢松开，与之配合，左手松开发片力度越大，蓬松度越大。

5. 发卷

发卷，也叫卷筒、空心卷，是指把一束头发梳展后朝一个方向卷起形成的空心筒状，它是盘发造型中最基本的技法，分为平卷、竖卷、玫瑰卷等，见图 2-1-3。

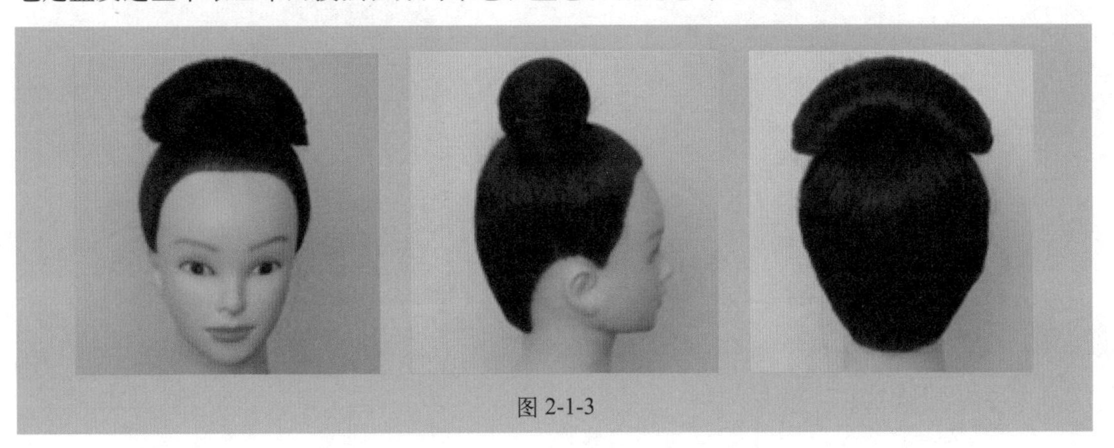

图 2-1-3

（1）平卷

平卷的操作手法如下。

1）左手拿发片拉直，右手拿梳，逆梳头发，梳顺表面。

2）用直卷筒型卷筒方法，将发片卷至卷筒与根部所需的距离。

3）将卷筒平摆在头部，下发夹固定（注意固定发尾），卷筒与根部起点拉开一定的距离。

（2）竖卷

竖卷的操作手法与平卷相同，只是将卷筒竖摆在头部，下发夹固定，见图 2-1-4。

图 2-1-4

(3) 玫瑰卷

玫瑰卷适用于中长碎发或短发，多在头顶造型，见图 2-1-5，操作手法如下。

1）将发片逆梳，梳顺表面，把发片根部按所需的方向弯曲作斜摆卷筒，固定为花蕊（顺时针、逆时针均可）。

2）把余下的头发用盘的手法将发片摆斜，围绕花蕊作花瓣，从里向外逐渐增大至发尾。

3）发片按设计提升一定角度移动逆梳。

4）卷筒的外围绕圈盘成玫瑰卷效果。

图 2-1-5

6. 波纹

波纹是指将一束头发梳展后，先向左，再向右循环往复地将头发梳理成 S 形，一般分为平面波纹和立体波纹两种，见图 2-1-6。

波纹的操作手法：将一束发片梳展后，先向左，再向右循环往复梳理，梳理时用发夹固定，也可借助发胶定型后将发夹取下，用小卡子暗别在波纹两侧。

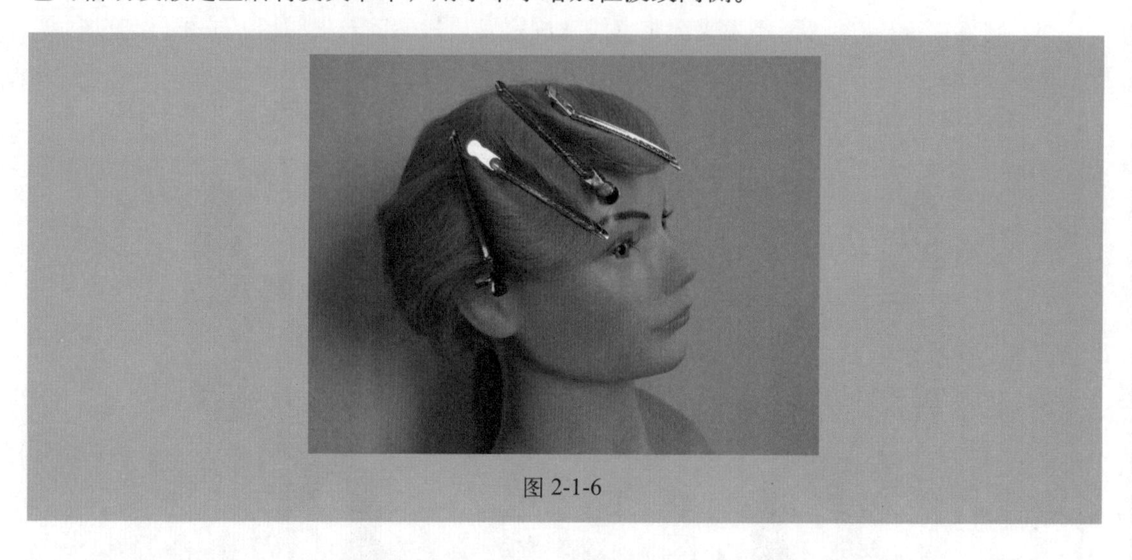

图 2-1-6

知识拓展

盘发的历史

盘髻就是将头发归拢在一起，于头顶、头侧或脑后盘绕成髻。盘髻有着悠久的历史，生活在五六千年以前的原始先民们就已开始盘发成髻。隋朝妇女的盘髻当时称盘桓髻，唐代妇女崇尚梳螺髻，清代妇女盘髻于脑后。以前汉族少女多于头顶两侧梳髻。

至今，满族、朝鲜族、傣族、苗族等一些少数民族仍崇尚盘髻，且各具风格。侗族妇女喜欢将发髻梳到左耳部位，几乎盖住整个耳朵；黎族女子一般都在脑后盘髻，并任发梢自然下垂于肩部；傣族妇女将长发松松地拢于头顶或偏向一侧，然后梳成盘发，不少人还在盘发中抽出一段发梢作装饰。

说一说

盘发的基本手法有哪些？

练一练

练习盘发的基本手法。

任务2.2　发辫的编结手法

任务描述

发辫是我们生活中经常会使用到的，是较为简单的盘发技巧，具有悠久的历史。近年来，随着时尚潮流的不断涌进，新的编梳技巧又引起了人们的喜爱。发辫是盘发造型的基础，通过发辫技巧的学习能训练手指的灵活性。

任务准备

1. 工具准备

编结发辫的常用工具有尖尾梳、发夹、橡皮筋等。

2. 知识准备

(1) 股

把全部或部分发丝分成均匀的小发束，在发辫中称为“股”或“手”。

(2)“压”、“反”关系

压：取若干股发束，若最右边的一股为第一股，依次向左类推为第二股、第三股……将第一股放在第二股上叫“压”。

反：将第二股放在第一股上叫“反”。

发辫编结主要是利用“反”、“压”两种关系，将各股发束相互编结起来。

(3) 发辫的分类

发辫的编结可以分为两股辫、三股辫、四股辫和多股辫。

任务实施

1. 两股辫

两股辫是将一束头发分成两股，分别朝相同方向扭搓，再将两股头发反方向交搭在一起成绳状即成。编结操作如下。

1）将全部头发分为两大束，向同一方向扭紧。

2）将两束头发向反方向扭紧成造型。

2. 三股辫

三股辫是最常见的一种编发手法，因造型简单、大方、立体而深受人们喜爱。三股辫通常可以分为正三股辫和反三股辫，见图 2-2-1。

1）正三股辫的编结方法：将一束头发平均分为三股，从右至左分别为“一”、“二”、“三”，根据口诀“一压二，三压一”，以此类推，反复编结即成。

2）反三股辫的编结方法：将一束头发平均分为三股，从右至左分别为“一”、“二”、“三”，口诀为“二压一，一压三”，以此类推，反复编结即成。

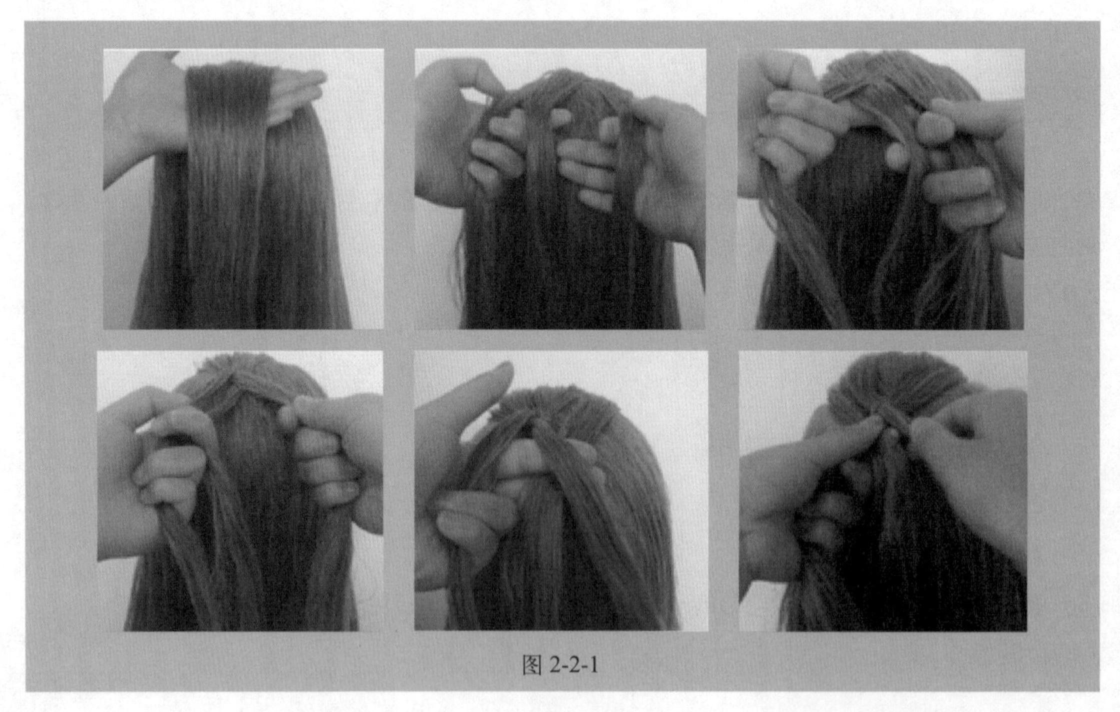

图 2-2-1

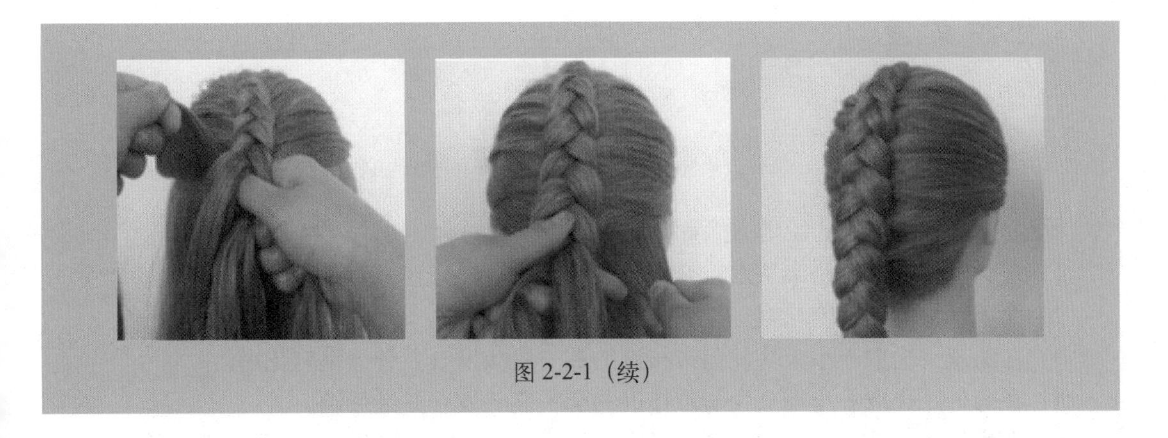

图 2-2-1（续）

3. 四股辫

四股辫的编结方法：将一束头发平均分成四股，从右至左分别为“一”、“二”、“三”、“四”，口诀为“一压二，三压一，一压四”或“一压二，反三压四”，以此类推，反复编结即成。

4. 多股辫

多股辫一般是指用五股以上的发束进行编结的发辫。常见的多股辫有五股辫、八股辫和鱼骨辫。五股辫和八股辫的编结方法与四股辫类似，我们这里重点讲鱼骨辫，见图 2-2-2。

鱼骨辫的编结方法如下。

1）将头发分成上下两个区域，从上区域的两边分别取出两束头发放到手上，再把两边的两束头发分成一、二两个等份。

2）把上个步骤中左边最外层的一和二交叉之后放到右手上，将发束二放到右手上；再把右边最外层的发束一和发束二交叉之后，将发束一放到左手上。

3）以此类推，一直往下编。要注意的是，要编得细一些，这样编出来的发辫会更加好看。

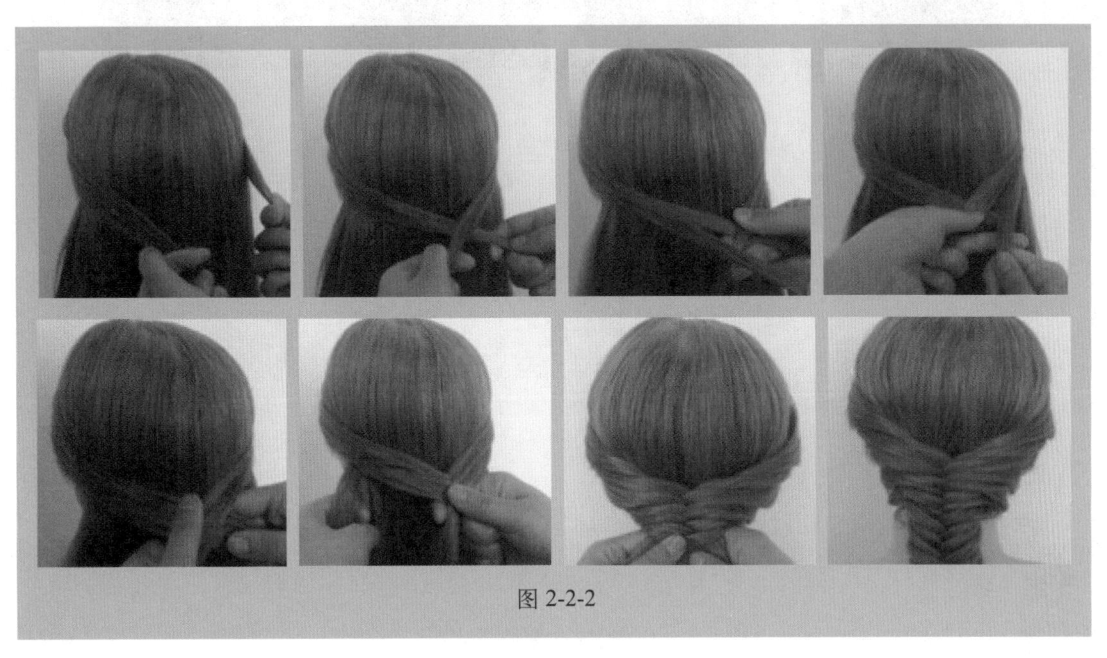

图 2-2-2

知识拓展

蜈蚣辫的编结方法

蜈蚣辫（图 2-2-3）的编结方法如下。

1）在头顶部位取一小束头发，分成三股。

2）像平时编的三股麻花辫一样编几股。

3）在随意一边取一小束头发与最接近的那一股头发合并继续编麻花辫。

4）在另外一边取一小束头发与最接近的那一股头发合并继续编。

5）左边取一小束合并，继续编，右边取一小束合并，继续编。以此类推继续编下去，蜈蚣辫就形成了。

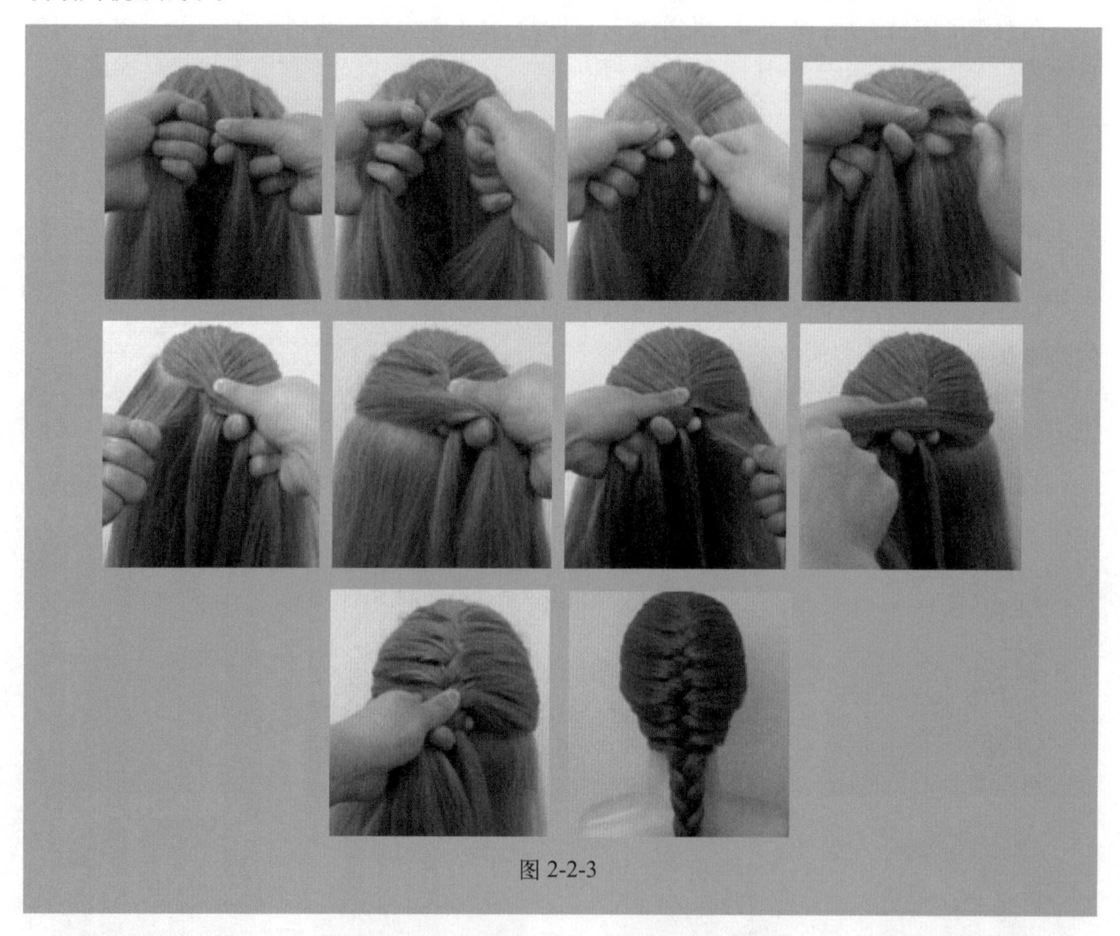

图 2-2-3

说一说

两股辫、三股辫、四股辫、鱼骨辫的编结方法是什么？

练一练

练习两股辫、三股辫、四股辫、鱼骨辫的编结手法。

任务 2.3　盘包的基本手法

任务描述

盘包又称包髻，是女性发式中经常用到的较为简单的盘发技巧，最早由法国髻演变而来。盘包能够凸显出女性的高贵与典雅，因而深受广大女性喜爱。

任务准备

1. 工具准备

盘包常用的工具有尖尾梳、发夹、喷发胶等。

2. 知识准备

1）盘包是指先将头发的内侧逆梳，使之蓬松，再将头发的表面梳顺梳光之后卷成所需要的形状。

2）盘包基础的手法有单包和双包。

任务实施

1. 单包的操作手法

单包常用的手法有扭包和手包。

1）扭包的操作手法，见图 2-3-1。

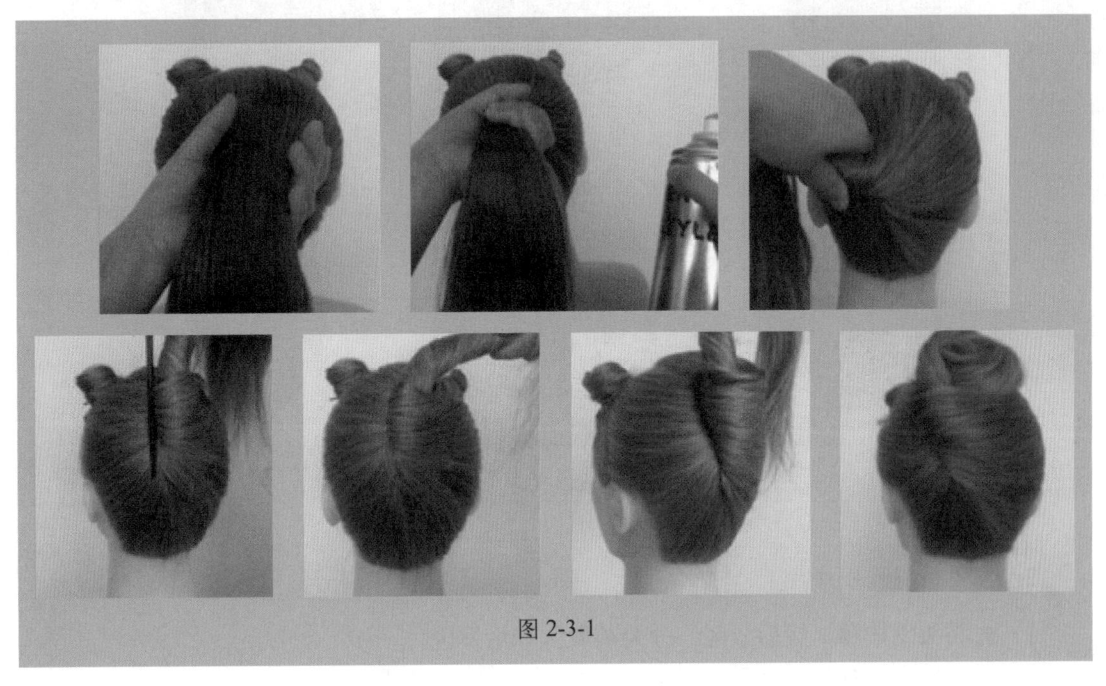

图 2-3-1

① 把后发区的头发梳顺，将头发向上梳至中间位置。

② 喷上发胶定型。

③ 一手抓紧头发，另一手扭紧头发。

④ 把梳子垂直贴于头部，将扭好的头发从左向右围绕梳子转一圈后扭紧，收紧左右两侧的头发。

⑤ 把扭紧的头发下夹固定，上发胶定型。

⑥ 在包好的头发侧边缘线，用一字夹从下往上夹紧，使头发不容易松散。下夹时，每个夹子的间距要相等，且形成一条斜直线。

2）手包的操作手法，见图 2-3-2。

① 把后区头发向上提拉梳顺、梳光滑。

② 右手抓紧整束头发，手背贴紧头部，左手轻轻握住发尾。

③ 左手握紧头发，右手把头发的发尾从外向里卷曲。

④ 左手手指夹紧头发，从外向内卷曲好头发后，右手轻轻松开头发。

⑤ 左手扶住头发，右手把头发向上提拉、收紧。

⑥ 左手轻轻扶住头发，右手用一字夹夹好边缘线，固定好头发。

⑦ 在包好的头发侧边缘线，用一字夹从下往上夹紧，使头发不容易松散。下夹时，每个夹子的间距要相等，且形成一条斜直线。

⑧ 用一字夹夹紧头发侧边缘线，下夹时，每个夹子的间距要相等，且形成一条斜直线。最后形成效果图。

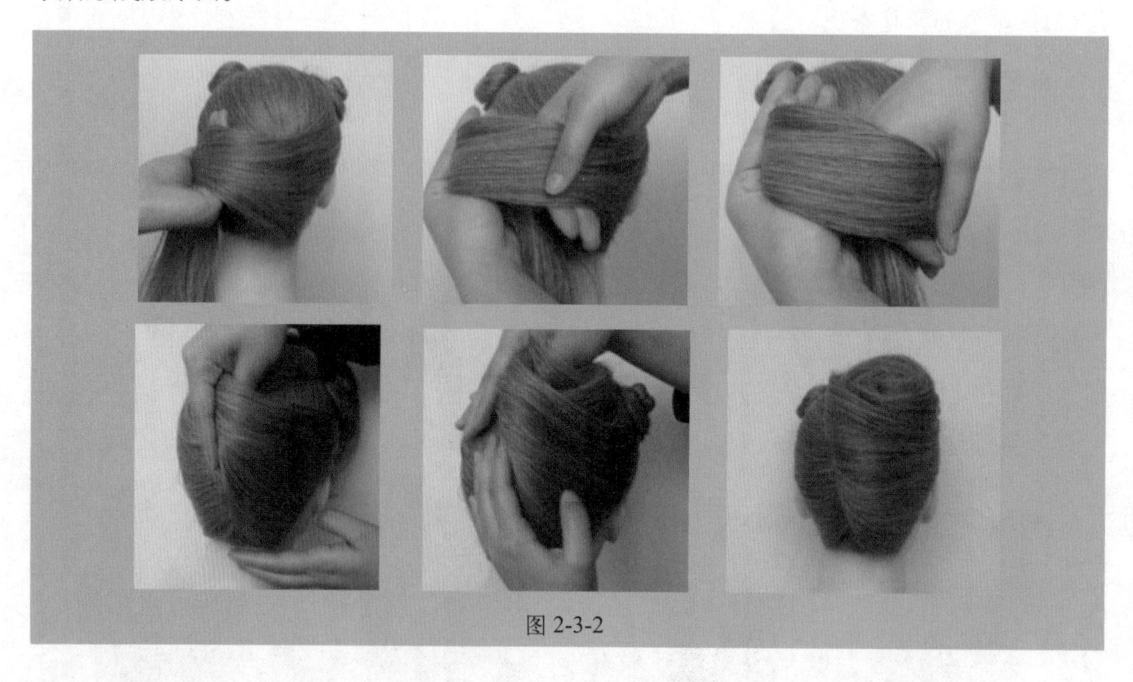

图 2-3-2

2. 双包的操作手法

1）先将头发梳顺，然后分区，分为前发区和后发区。

2）将后发区再分为三个区，分别是 V 字区、左区和右区。

3）将 V 字区的头发从上往下进行倒梳，可以使左、右区的头发下夹固定。

4）将左发区的头发斜行分区移动倒梳发根，使头发连接、蓬松。

5）把左区表面头发梳光滑。

6）在头发表面喷上少量发胶定型。

7）把左区的头发用扭的手法提拉至 V 字区。

8）把左区头发与 V 字区头发用夹子从上往下在头发的边缘线处下夹固定。

9）将右发区的头发斜行分区移动倒梳发根，使头发连接、蓬松。

10）梳光滑头发表面，喷上发胶定型。

11）左、右区头发交叉在 V 字区下夹固定。

12）把左、右区侧边缘头发交叉处下夹。

13）把 V 字区头发梳光滑。

14）扭紧头发下夹。

15）左、右区头发交叉包好后，头发成斜直线。

双包的操作手法见图 2-3-3。

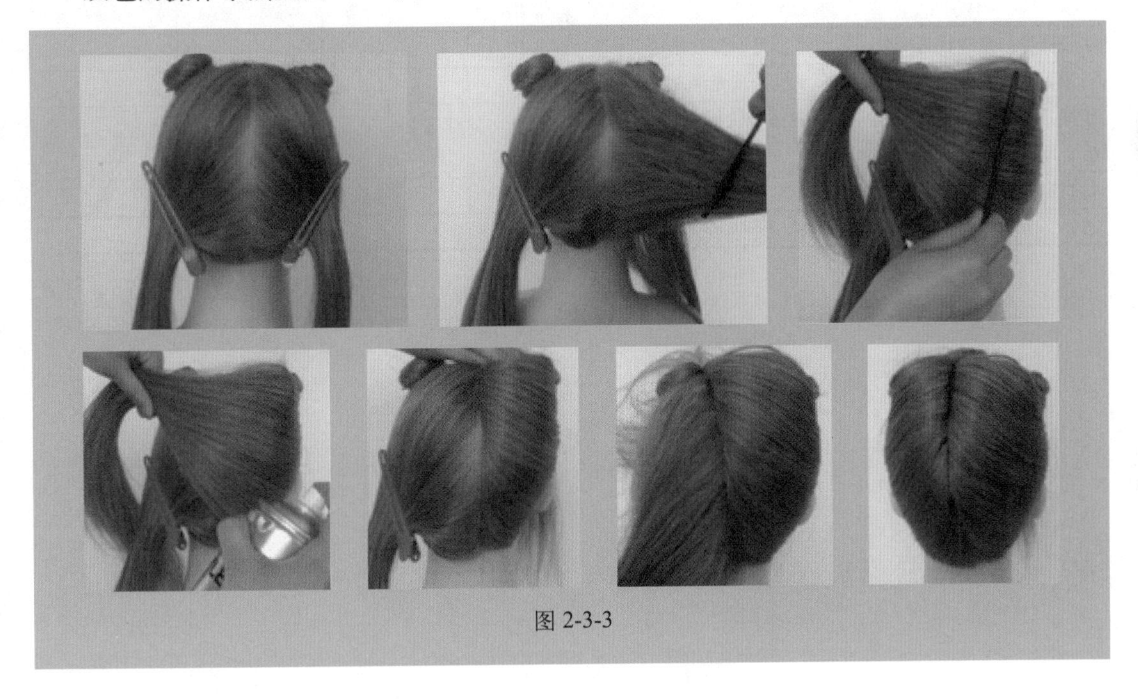

图 2-3-3

知识拓展

盘发与头饰的搭配

恰当搭配头饰是盘发造型的点睛之笔。不论是光彩夺目的珍珠还是熠熠生辉的钻石，都能将女性衬托得愈发美艳动人。头饰常用材质有皇冠、钻饰、羽毛、珍珠、鲜花等。简约的英式宫廷盘发搭配华丽复古的珠帘式头饰，打造出古典华丽的造型。用颜色淡雅的鲜

花编织成有童话气息的小花环，搭配自然清新的发髻，是年轻女性的最爱。风靡亚洲的韩式编辫盘发搭配精致、小巧的钻饰，给人婉约端庄、高贵典雅的印象。

说一说

盘包有哪几种方法？

练一练

练习各种盘包技法。

评价标准	满分	学生自评得分	学生互评得分	教师评定得分
准备工作：到位	10			
实际操作：盘束技巧娴熟，定位造型好，固发牢固	12			
质量要求：块面之间衔接严谨，发丝通顺光泽、线条流畅	8			
整体效果：整体造型结构完美，各区域比例协调，整体搭配合理	12			
时间定额：按时完成操作	8			
总分	50			

项目3　修剪基础

学习目标

1．掌握头部的基本点位。
2．掌握头部分区。
3．掌握剪刀的操作技巧。
4．掌握发型的基本修剪技巧。

任务 3.1　头部基本点位

任务描述

准确地找到“点”是进行正确修剪的基础，我们要通过学习和训练，掌握好头部 15 个基本点位的准确位置，能够在不同头型上找到每个基本点的准确位置，以便为完成后面的任务奠定基础。

任务准备

1．头模

准备长发头模、光头头模各一个。

2．纸、记号笔

准备一些草稿纸和一些可以在头模上做记号的记号笔。

任务实施

1．“点”的概念

“点”是发型修剪的基础，从人体头面部、骨骼结构及五官比例和头发的分布上，可以分为若干个点，这被称为头部的基准点，也称为“点位”。

2．15 个基本点

15 个基本点见图 3-1-1。

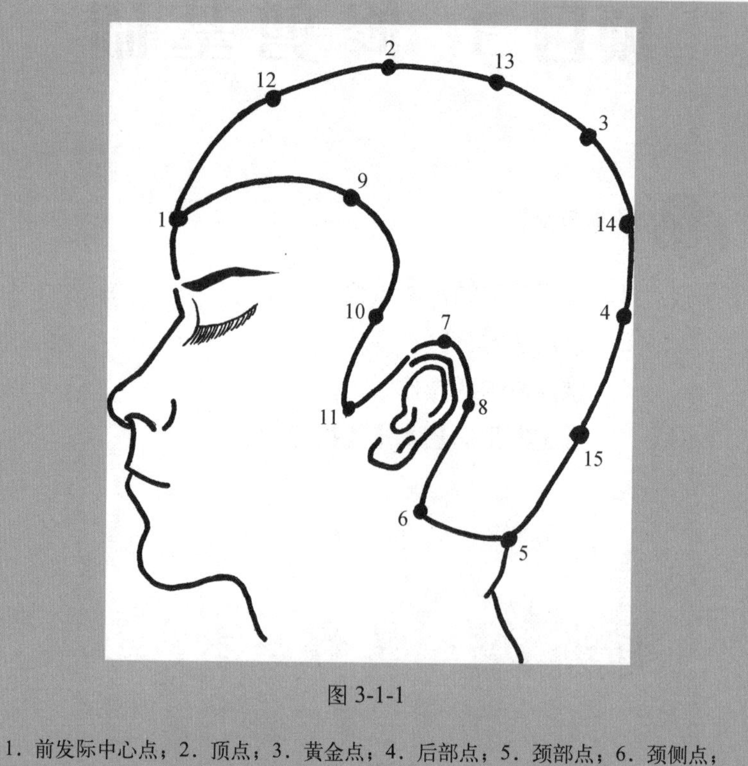

图 3-1-1

1．前发际中心点；2．顶点；3．黄金点；4．后部点；5．颈部点；6．颈侧点；7．耳点；8．耳后点；9．前侧点；10．侧部点；11．侧角点；12．中心顶部点；13．顶部黄金点；14．黄金后部点；15．后部颈部点

（1）前发际中心点

前发际中心点是指前额发际线的中心位置。找此点的时候，要将前额的头发全部往后梳，露出前额发际线，这样就很容易准确地找到点位。

（2）顶点

顶点是指整个头部的最高点。找此点时，要用梳子沿中轴线从前往后，平行于地面，梳子与头部接触的点位就是顶点。

（3）黄金点

黄金点介于顶点和后部点（枕骨点）之间。找到黄金点的最佳方法就是找准顶点和后部点，通过测量找到黄金点，黄金点是扎马尾的最佳位置。

（4）后部点（枕骨点）

后部点又称枕骨点，是头后部的最高点。找此点的时候，需要用梳子沿中轴线从上往下梳，如果是长头发要将头发分向两边，以便判断点的位置。

（5）颈部点

颈部点是后颈发际线的最低点。找此点的时候，可以将后面的头发分开，将后颈部分露出来，在后部的发际线上准确地找到这个点。

（6）颈侧点

颈侧点左右各一个，在颈部点附近。找此点的时候，可以通过观察和手指的触觉来对此点进行确认。

(7) 耳点

耳点是指与耳朵的最高处对应的点。找此点的时候，要用梳子将头发从头顶往下梳理好，把耳朵露出来，以便准确地找到此点的位置。

(8) 耳后点

耳后点是指与耳朵后面最突出的地方对应的点，找此点的时候，要用梳子将头发梳理好，并把耳朵露出来，以便准确地找到此点的位置。

(9) 前侧点

前侧点是外眼垂直交于发际线的点。找此点时，可以从外眼的位置，垂直向上移动到发际线的位置。

(10) 侧部点

侧部点位于面部的侧部，在耳点前面的发际线上。找此点时，需先找到耳点，然后向前移动至发际线的位置。

(11) 侧角点

侧角点又称鬓角点，在面部的侧面发际线鬓角的位置。找此点时，将侧部头发梳开，露出鬓角后就能准确地找到。

(12) 中心顶部点

中心顶部点处于前发际中心点和顶点的中间位置。

(13) 顶部黄金点

顶部黄金点处于顶点和黄金点的中间位置。

(14) 黄金后部点

黄金后部点处于黄金点和后部点的中间位置。

(15) 后部颈部点

后部颈部点处于后部点和颈部点的中间位置。

3. “点位”的作用

“点位”在发型设计中起定位、划分区域、确定剪发区位的作用。只有知道了点的正确位置和名称，才能正确连接分区线。

知识拓展

基准点相关知识

15个基准点为后面的修剪奠定了基础，在实际操作过程中，我们要找准点，除了按照上述方法进行确认外，还需要根据个人头发的长短、个人头型的特殊性来进行确认。在具体的修剪过程中，要准确而灵活地运用这些点。

在日常的修剪操作中，最重要的是前发际中心点、顶点、黄金点、后部点和颈部点。我们在训练的时候也要特别关注这几个重要的点。

说一说

头部基准点的分布和名称是什么？

练一练

1．在头模上准确标出 15 个基本点。

2．在同伴的头上找到 15 个基本点。

任务 3.2 头部分区

任务描述

在准确找到“点”的基础上，我们要进一步了解和掌握关于头部的分区。做好头部的分区，可以缩小修剪面积，使初学修剪者更有目的性，修剪更加精确。

任务准备

1. 工具

准备长发头模和光头头模各一个、裁发梳一把、喷壶一个。

2. 纸、记号笔

准备一些草稿纸和一些可以在头模上做记号的记号笔。

任务实施

1. 线

线是点的移动，是发型构成的关键要素。将头部的点有效地连接起来就是线，线可以将头部分为相应的区域，所以此线也被称为分区线。

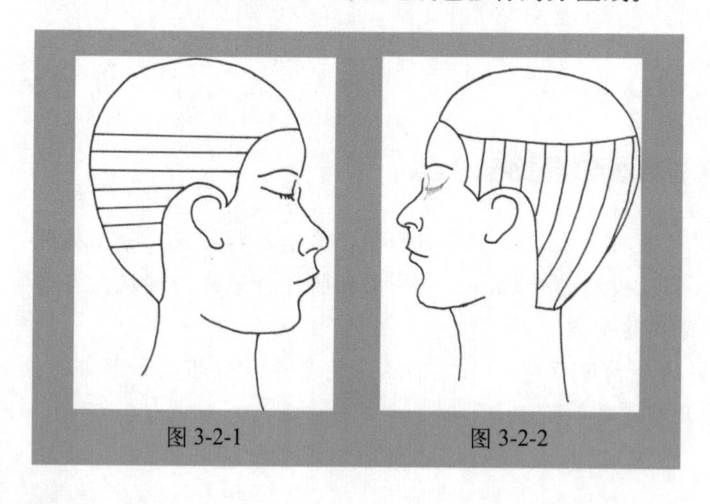

图 3-2-1　　图 3-2-2

2. 分区线的种类

(1) 水平分线

水平分线又称一字线，可以使发型轮廓平衡、重量感强，见图 3-2-1。

(2) 垂直分线

垂直分线又称竖直线，可使发型轮廓移动性强并具有动感，见图 3-2-2。

（3）斜向前分线

斜向前分线又称“A”字线，可使发型轮廓前长后短、重量向前，见图 3-2-3。

（4）斜向后分线

斜向后分线又称“V”字线，可使发型轮廓前短后长、重量向后，见图 3-2-4。

（5）放射分线

放射分线又称三角线，可使发型轮廓变化并具有动感，见图 3-2-5。

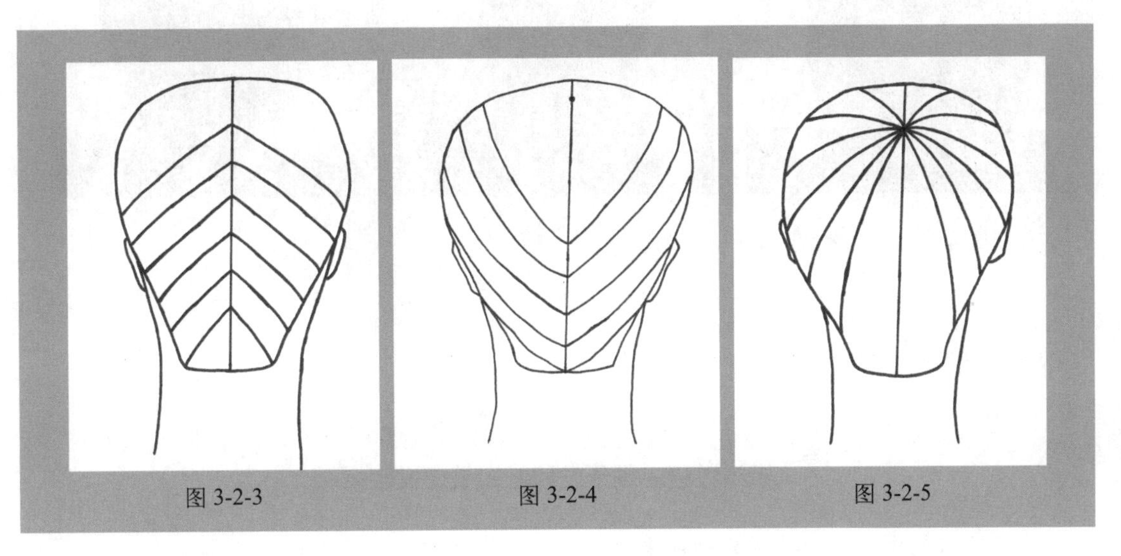

图 3-2-3　　图 3-2-4　　图 3-2-5

3．基本分区

对头发进行分区可以更好地控制修剪的过程，主要由分区线、提升角度和方向的改变所决定。一般来讲，将头部分成两个区域，即十字分区和 U 形分区

（1）十字分区

十字分区指先从 1 到 5 点画出中轴分区线，再根据修剪的发型需要从发际线两侧找相应的点连接。两线将头部划分为四个区域，即前左发区、前右发区、后左发区和后右发区，见图 3-2-6。

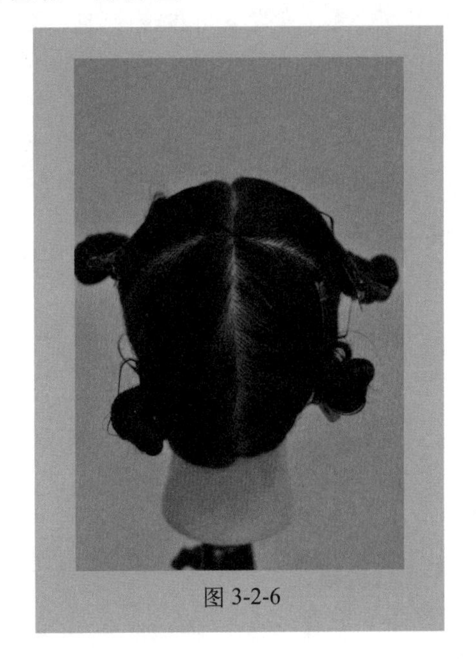

图 3-2-6

（2）U 形分区

U 形分区是从两侧的前额发际线 9 点位置和头顶部 3 点位置连接划分出来的“U”形区域，主要用于顶发区的发型设计，见图 3-2-7。

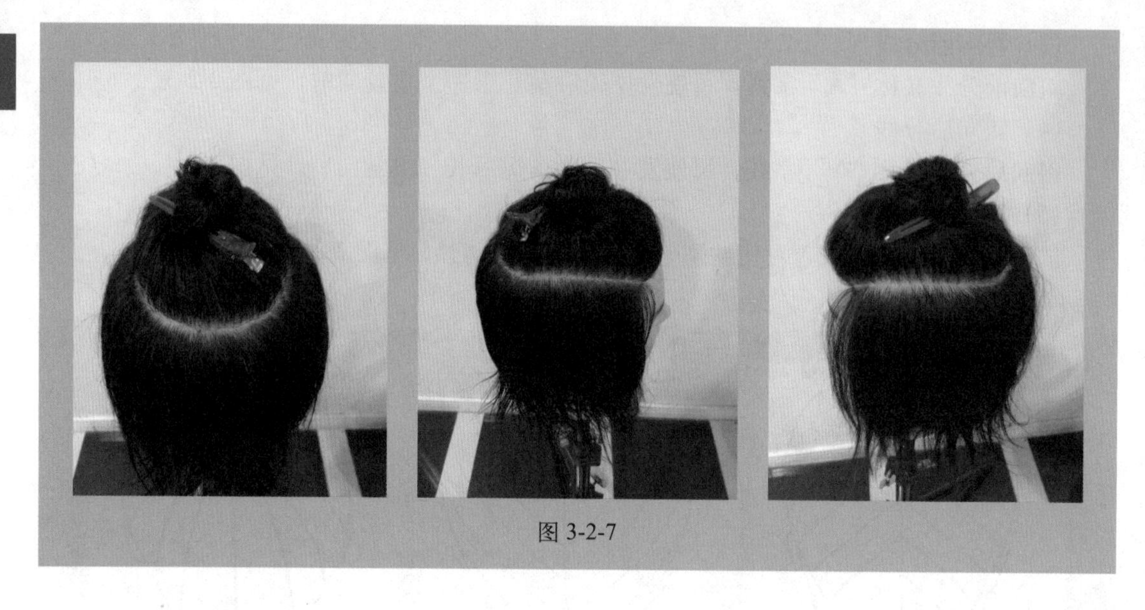

图 3-2-7

知识拓展

修饰过程中是干发较好还是湿发较好

在修剪过程中，这要依据发型所表达的型体效果决定。

1）直发比较适合在干发状态下修饰，因为在湿发状态下，头发都聚集在一起，去掉的量比较多且不易控制，而在头发干的时候切面会有所改变，很难达到剪的效果。

2）卷发比较适合在湿发状态下修饰，因为卷发在湿的时候卷曲纹理比较明显，方便控制下刀位置，卷发多用扭转修饰，湿的时候头发在一起比较好控制花形的凝聚。

说一说

不同分区线的基本作用是什么？

练一练

1. 在头模上进行分区练习。
2. 在同伴的头上进行分区练习。

任务 3.3 修剪工具的操作方法

任务描述

剪刀和梳子是修剪过程中最重要的工具，其操作技巧关系到修剪的最终效果。通过学

习和训练，要熟练掌握修剪工具的基本使用技巧，以及在修剪过程中剪刀和梳子的配合使用。

任务准备

准备长发头模一个、剪刀一把、裁发梳一把、鳄嘴夹或鸭嘴甲若干、喷壶一个。

任务实施

1. 梳子的使用方法

（1）握梳子的方法

大拇指放在梳子的中心位置，小拇指放在梳子背下方位置，食指、中指、无名指放在梳子背上面握住。

（2）梳理的方法

分发片时，用大齿尖分，梳形时用细齿梳理。大拇指和小拇指在梳子下面，齿尖向上；手指弯曲，保持水平；手指再弯曲，使梳子齿尖向下。

2. 剪刀的使用方法

（1）剪刀的基本握法

把无名指伸到剪刀里至第二关节，剪刀的交汇点放在食指的里侧关节上，剪刀的环可以轻松地放在无名指的第一关节和第二关节之间。练习时，只能通过大拇指摆动带动剪柄，其余四指不动，见图 3-3-1。

（2）剪刀的剪切动作

左手平伸，右手执剪刀，剪刀尖对准左手中指，从指尖向指根方向平行平稳地移动，剪切幅度不超过食指的第二关节。

3. 剪刀与梳子的配合使用

在修剪过程中，剪刀和梳子很多时候都需要同时使用，一只手拿剪刀，另一只手拿梳子，需要两手的协调配合。为了安全，应将大拇指抽出，把剪刀握在手掌中，梳子放在大拇指和食指中间，整理好头发后，应把梳子放到另一只手中，见图 3-3-2。

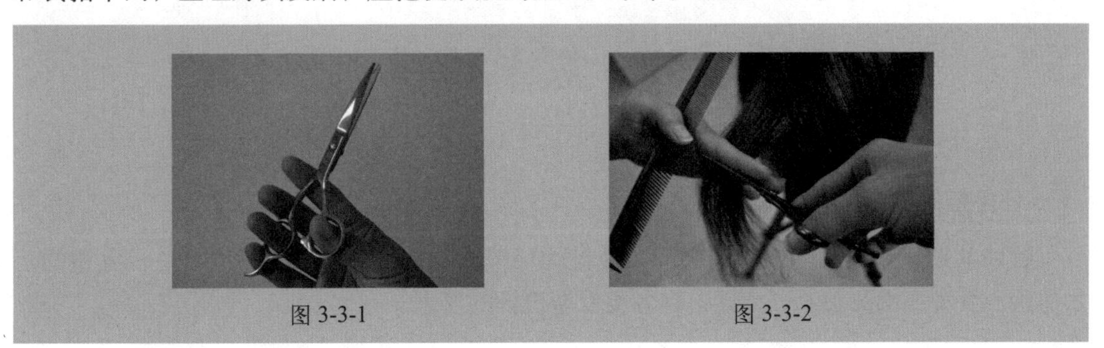

图 3-3-1　　图 3-3-2

4. 夹子的使用方法

在修剪过程中，一般是按照区域来进行修剪的，修剪的时候要将没有修剪区域的头发

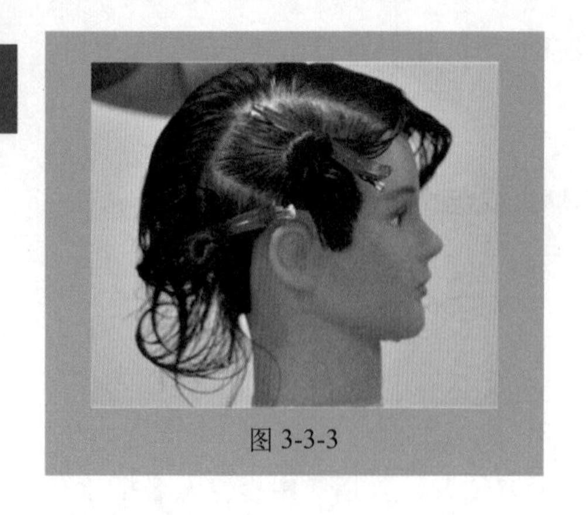
图 3-3-3

用鳄嘴夹或鸭嘴夹固定好，见图 3-3-3。

用夹子固定的时候要注意以下几点。

1）夹子要夹住头发的发梢部分。

2）用夹子固定头发时，要将所有需要固定的发束朝一个方向固定。

3）固定头发时要固定牢，不要影响在其他区域的操作。

知识拓展

剪刀挑选

1）刀形要完全适合自己的手感。

2）刀面的磨合纹非常细腻。

3）刀刃与刀面过渡面无明显的接缝。

4）剪刀自然合拢刀尖左右距离为 30°。

5）测试锋利度：刀尖张开用一张湿发纸向下滑动以测试剪刀的锋利度。

说一说

结合学习和训练实际说一说剪刀和梳子如何配合使用？

练一练

1．用纸练习剪线。

2．用头模练习剪刀和梳子的配合使用。

任务 3.4 基本修剪技巧

任务描述

做好前期准备工作后，就进入了最关键的环节，只有把握好发片提拉角度、发型的基本剪法、发型层次的关系，才能达到各类发型设计的要求。

任务准备

准备长发头模一个、剪刀一把、裁发梳一把、鳄嘴夹或鸭嘴夹若干、喷壶一个。

任务实施

1. 发片角度的提拉

提拉角度是以头皮为准，在头部任何一个位置所提升的发片经过此点的切线所形成的角。角度与发型层次的关系、发片提升角度的大小决定着层次的高低。

1）零层次：提拉角度等于 0°，见图 3-4-1。

2）低层次：提拉角度为 0°～ 90°，见图 3-4-2。

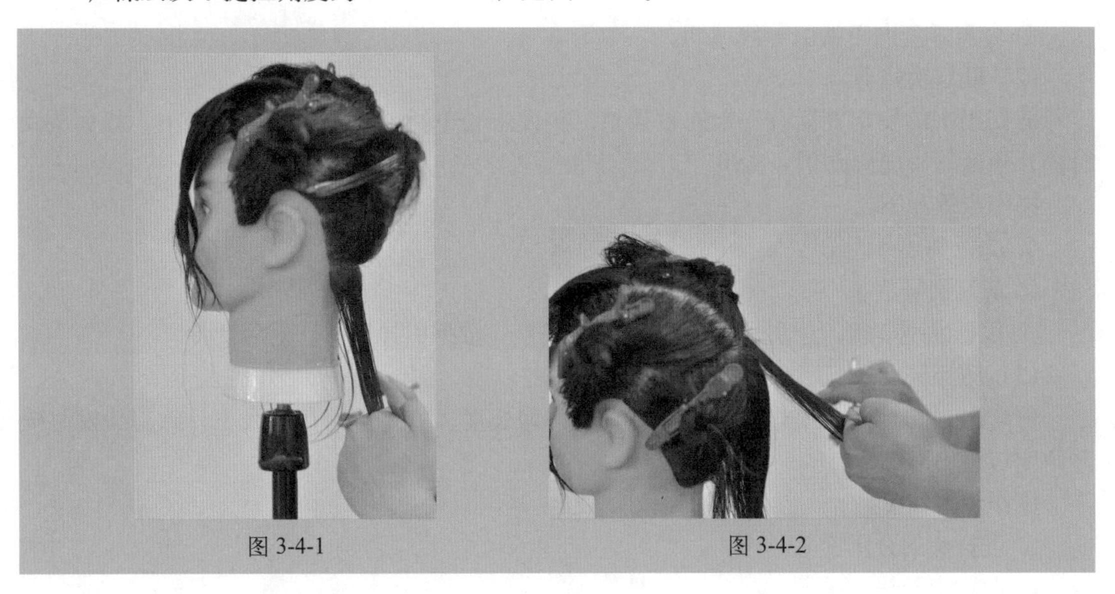

图 3-4-1　　图 3-4-2

3）均等层次：提拉角度等于 90°，见图 3-4-3。

4）高层次：提拉角度大于 90°，见图 3-4-4。

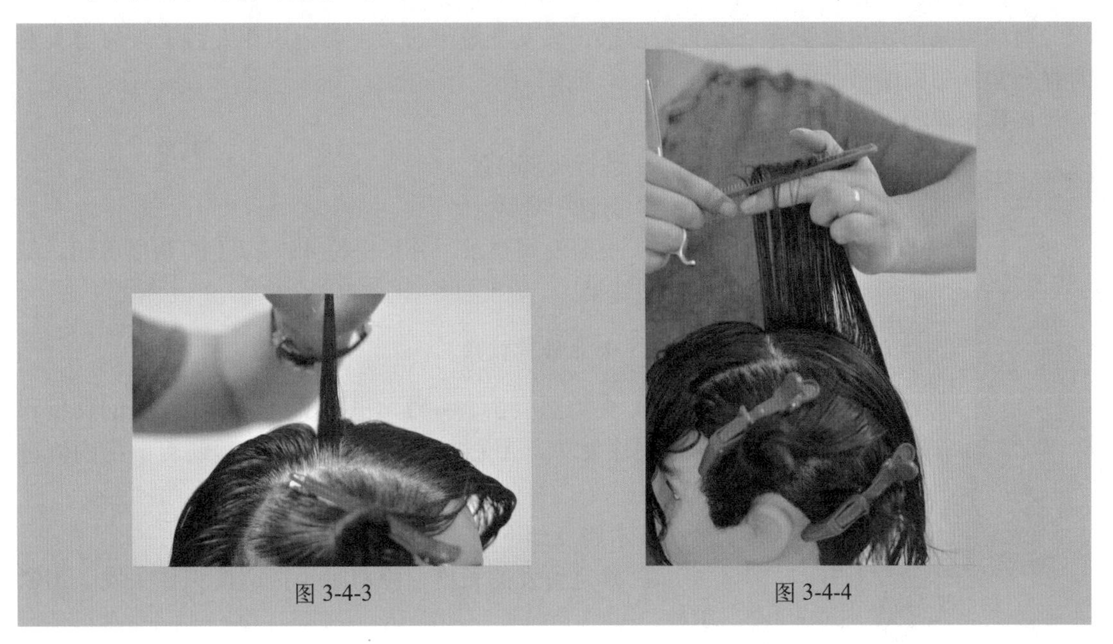

图 3-4-3　　图 3-4-4

2. 基本修剪技法

(1) 零层次修剪

剪切出来的发尾叠置有很强的重量感，剪切点落在同一平面上，主要运用在发线上，头发自然向下零度剪切与地面形成垂直。

操作步骤如下。

① 进行头部分区；

② 剪切引导线；

③ 分层零度向下按引导线剪切。

(2) 低层次修剪

剪切出来的发尾叠置有一定的重量感，头发上长下短，主要运用在发线上，修剪头发时提升角度与头皮形成0°～90°。

操作步骤如下。

① 进行头部分区；

② 剪切引导线；

③ 根据发型要求，分层提拉45°以下的角度，依据引导线剪切至后枕骨。

(3) 均等层次修剪

剪切出来的发尾叠置非常轻盈，头发呈均匀长度，主要运用在发线上，修剪头发时提升角度与头皮形成90°。

操作步骤如下。

① 进行头部分区；

② 剪切引导线；

③ 均匀分片提拉90°剪切，制造发型效果。

(4) 高层次修剪

剪切出来的发尾叠置有一定的轻盈感，头发上短下长，主要运用在发线上，修剪头发时提升角度与头皮形成90°以上。

操作步骤如下。

① 进行头部分区；

② 剪切引导线；

③ 根据发型要求，分层提拉45°以上的角度剪切，制造发型效果。

图 3-4-5

3. 专业修剪技法

1）夹剪法（图3-4-5），也称平口剪，用左手的食指和中指夹住发束，手心向着发梢方向，剪刀贴着中指内侧进行修剪。

技术要点如下。

① 确定留发的长度，修剪时手指适度夹住头发，不紧不松。

② 夹起的每束头发要平直，发束之间还要相互衔接，避免脱节。

2）托剪法（图 3-4-6），即用梳子托起发片，依据发式的要求，保留所需的长度，剪掉多余的头发。这是剪刀与梳子配合最密切的修剪方法。

技术要点如下。

① 剪刀与梳子配合要密切。用梳子托起一束发片，用剪刀剪去露在梳齿外的头发，梳子起到引导作用。剪切时，剪刀的不动刀刃应与梳背保持平行，易剪得平齐。

② 要正确掌握头发托起的角度，托起角度大则层次高，托起头发的角度小则层次低。

③ 托剪时，托起的头发应与头部弧形轮廓相适应，按头部弧形轮廓剪切，使剪切线平圆。

3）点剪法（图 3-4-7），即用剪刀在发片上间隔点剪，营造出“偷空”的效果。点剪法是一种让头发密度减轻的剪法，但点剪的高度不一样会产生不同的效果。

技术要点如下。

① 点剪在发根时，可让头发密度直接减少。

② 点剪在发中间时，可让头发增加动感及层次感。

③ 点剪在发尾时，可让发尾呈现不规则的线条和穿透感。

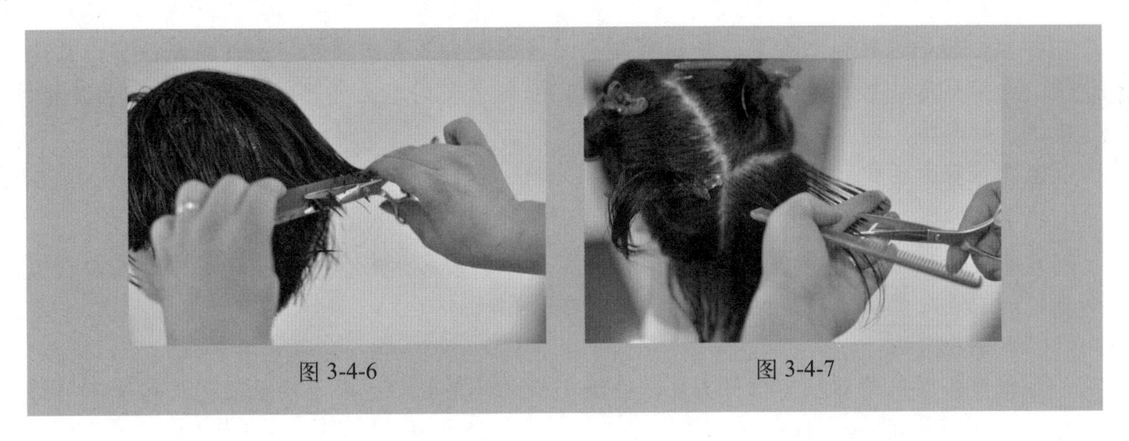

图 3-4-6　　图 3-4-7

4）压剪法（图 3-4-8）。一般用于修剪颈部发际处短发，使其清晰整齐。

技术要点如下。

① 用梳子梳顺并压住头发，用剪刀剪去露在梳齿外的短发。

② 压剪时梳子可紧贴皮肤修剪短发，也可将梳子略离开皮肤轻压头发，修剪出轮廓线。

5）滑剪法（图 3-4-9）。剪刀张开沿着头发的表面滑过，纹理的不平滑程度受控制于修剪时剪刀张开的阔度。

技术要点如下。

① 上挑式滑剪：将发片或发束提升至较高的角度，从内侧向上滑剪，使发片的内侧产生轻薄的感觉。

② 下滑式滑剪：对发束的表面进行处理，使发尾产生轻而尖的效果。

③ 扭式滑剪：将发束扭成绳状进行下滑剪，可使发尾产生笔尖状的效果。只有确定位置和名称，才能正确连接分区线。

图 3-4-8　　图 3-4-9

知识拓展

推剪相关知识

推剪分为手推剪和电推剪。手推剪靠手的握放使齿片来回摆动将头发剪断，费力且速度慢。电推剪是以电为动力推动齿板进行的工具，附着不同刀片可产生不同效果，有齿片薄、速度快、效率高、轧发干净等特点。

主要推荐方法有以下几个。

（1）正推剪法

正推剪法也称满推，用电推子和梳子相配合，剪齿与头发全面接触，能剪去大面积的头发，一般适用于推剪两鬓和后脑正中部分的头发。

（2）半推剪法

半推剪法即用局部推齿推剪头发，去除小面积的头发，适用于耳朵周围及起伏不平的头发。

（3）反推剪法

反推剪法的姿势与满推和半推相同。操作时，掌心向上朝外，机身向下，主要用来修饰轮廓。

说一说

剪发工具有哪些种类？各有什么特点？

练一练

在头模上进行基本修剪技法的训练。

项目评价

评价标准	满分	学生自评得分	学生互评得分	教师评定得分
考前准备工具齐全	5			
修剪分区正确：十字分区、U形分区	10			
剪刀、梳子、手配合协调	15			
分区要均匀；分线、分片要求干净	10			
发片提拉的角度要准，发片梳理要透，切口干净	15			
肢体语言要到位	5			
最终修剪效果好	40			
总分	100			

项目4　烫发基础

学习目标

1．掌握烫发的流程。

2．掌握并运用烫发卷杠的操作技巧。

3．掌握并运用标准（十字）、砌砖、扇形三种排卷技术进行排卷。

任务4.1　烫发的流程

任务描述

烫发的流程包括诊断发质、选择冷烫精、选择杠具型号、洗发、剪发、分区和卷杠、围棉条、固定水托、涂烫发精、包保鲜膜、试卷并冲水、施放定型剂、拆卷并冲水等步骤。通过学习，我们应掌握烫发的基本步骤，并能根据步骤进行烫发。

任务准备

1. 工具准备

烫发前，应准备好烫发所需的烫发杠、洗发水、刀具、毛巾、围布、尖尾梳、宽齿梳、烫发精、定型剂、烫发纸、喷壶、水托、橡皮筋、夹子、保鲜膜、一次性手套、棉条、加热器等工具。

2. 水电准备

烫发前，还应检查是否通水、通电，以确保烫发的顺利进行。

3. 对象准备

烫发前，必须具有烫发的顾客、练习对象或者准备好用于烫发练习的头模。

任务实施

烫发的标准操作通常包括以下几个步骤。

1. 诊断发质

烫发前，应先对头发的发质、发量、发长、发色及头皮状况进行了解、检查，以确定发型和烫发产品，再进行烫发的标准操作，见图 4-1-1。

2. 选择冷烫精

根据烫发对象的发质情况正确选择冷烫精。

1）正常发质选用碱性适中的冷烫精。

2）粗硬发质选用碱性偏重的冷烫精。

3）细软受损发质选用弱碱性冷烫精。

3. 选择杠具型号

根据头发的长度及所要卷曲的大小程度来选择不同的烫发杠，见图 4-1-2。

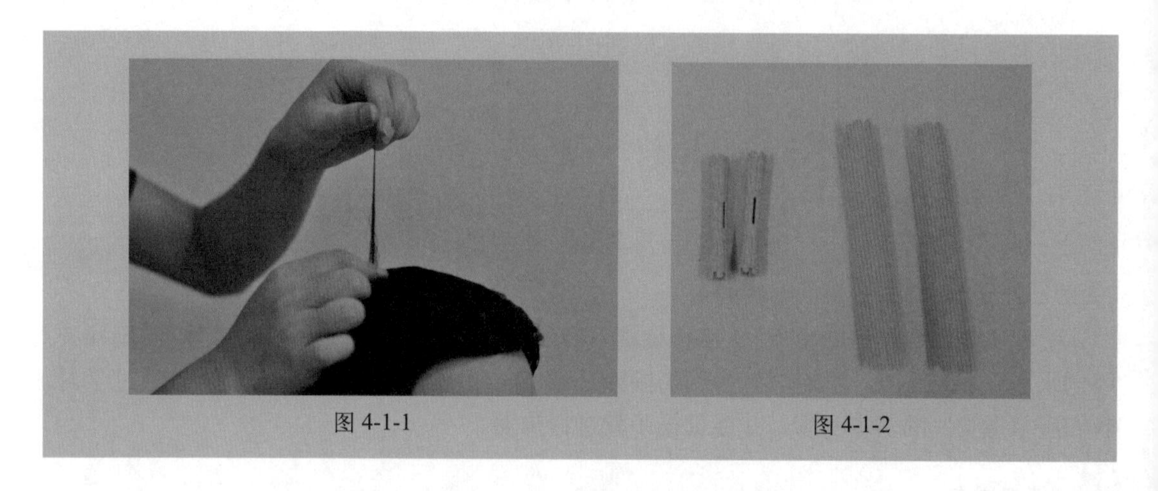

图 4-1-1　　图 4-1-2

4. 洗发

烫发前要对烫发对象的头发进行清洗。清洗时应注意，健康头发建议不要使用双效洗发水和护发素，受损发质要做烫前护理；切忌用力抓头皮，而是用指腹轻柔头皮。

5. 剪发

根据发型设计要求，把头发修剪成型，剪去多余的头发。

6. 分区和卷杠

上卷要根据设计进行合理分区。根据烫发所需效果，采取不同的角度、缠绕方式和分份方式。上杠时，拉力要均匀。操作时，发片要梳顺直，不能折叠发梢，要保持发片平整光滑，见图 4-1-3。

7. 围棉条

为防止药水流到顾客的脸部和颈部，要沿发际线给顾客围好棉条，见图 4-1-4。

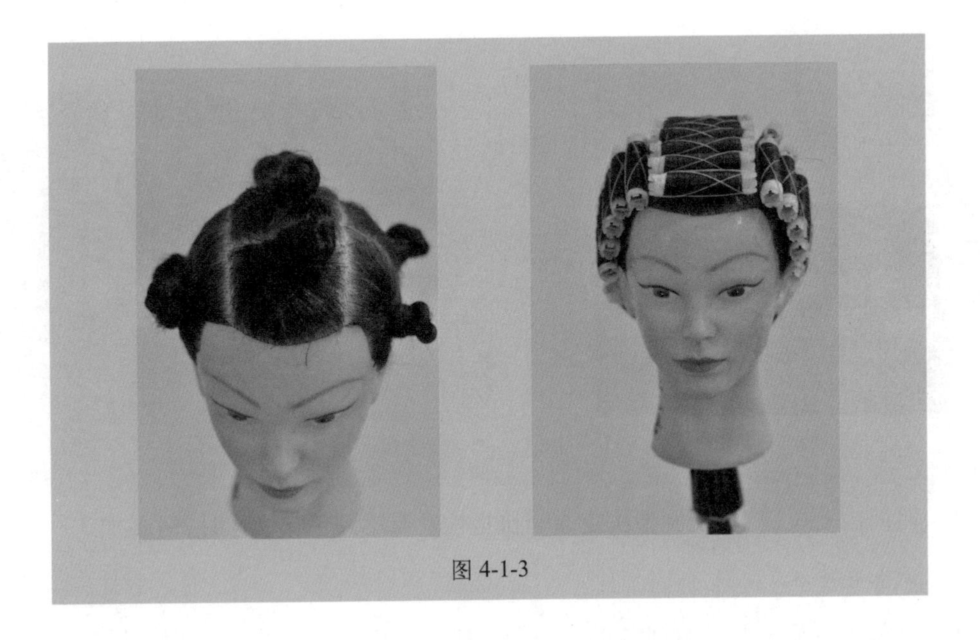

图 4-1-3

8. 固定水托

为了避免药水流到顾客的衣服上，要把水托固定在顾客的颈部，见图 4-1-5。

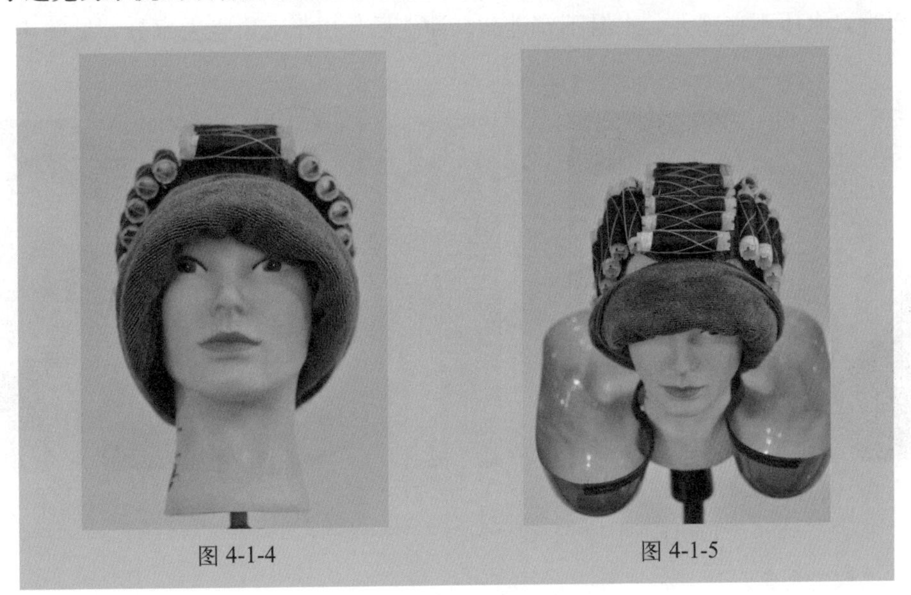

图 4-1-4　　图 4-1-5

9. 涂烫发精

涂药水之前需将药水摇匀，药水要均匀饱和地浸透卷杠。健康发质或抗拒性发质可分两次施放药水，中间间隔 5 分钟，以使头发能充分吸收冷烫精，见图 4-1-6。

10. 包保鲜膜

为了保温和防止烫发液挥发，应包好保鲜膜，见图 4-1-7。

图 4-1-6　　图 4-1-7

停放时间由发质、药性及发型决定。当抗拒性发质达到正常软化时，可多加 3 ～ 5 分钟。

11. 试卷并冲水

在头部的前、后、左、右部各选择一个卷杠，打开卷杠的一半，按住发杠上的头发推向头皮，观察卷曲度是否规则和理想，有时也可拆下卷杠轻拉发片，看是否有弹性，达到理想效果即可，见图 4-1-8。

冲水时，水压不宜过大，水温不宜过高。冲洗后，用干毛巾吸去水分，见图 4-1-9。

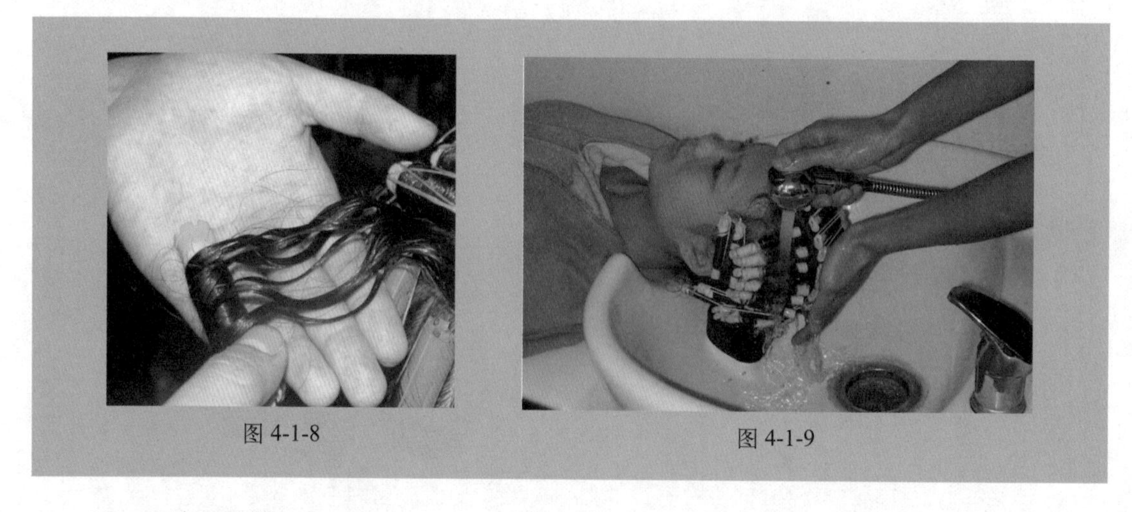

图 4-1-8　　图 4-1-9

12. 施放定型剂

施放定型剂时，用量要均匀饱和，不能重复使用滴落的液体，见图 4-1-10。

施放定型剂后，一般要等待 10 ～ 15 分钟。

13. 拆卷并冲水

应从下往上逐个拆掉发卷。因刚烫过的头发较脆弱、易断，所以不要用力拉扯头发，见图 4-1-11。

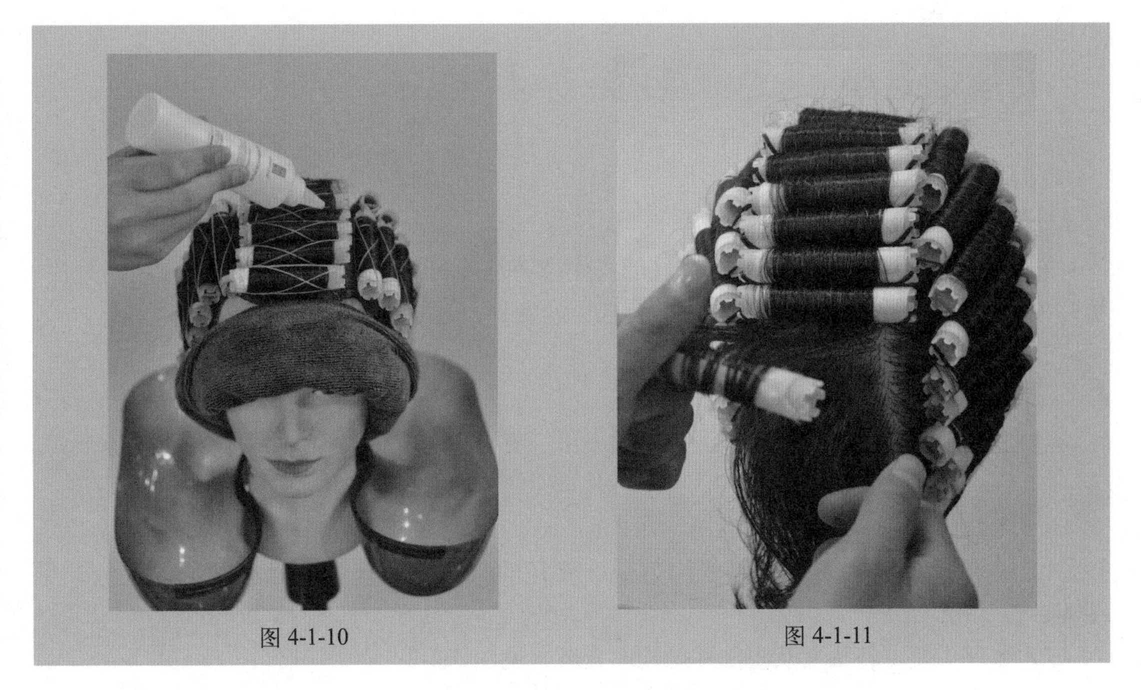
图 4-1-10　　图 4-1-11

拆卷后，要对头发进行彻底冲水并擦干，再用吹风机吹出造型。

知识拓展

烫发后的注意事项

1）洗发护发：烫发后，要选择碱性低的洗发水洗发，然后用护发素加以养护，以保持头发质地的柔软、蓬松、光亮和造型。

2）保持造型：烫发后，要选用合适的造型用品和宽齿梳梳头，以保持造型的蓬松自然。

3）烫染分开：烫发、染发最好不要同时进行。如非染不可，应先烫后染，且尽量在烫后一周再染，否则会影响烫发效果。

4）时间间隔：如果对所烫的发型不满意，要想重新烫发，则两次烫发的时间最好间隔半个月以上。首次烫发的人，烫发时间应尽可能缩短，同时应与第二次烫发的时间间隔半年以上。

说一说

简述烫发的操作步骤。

练一练

按照烫发的操作步骤进行烫发练习。

任务 4.2 烫发卷杠的操作技巧

任务描述

卷杠是烫发的基础操作，掌握卷杠的操作技巧是烫发的基本要求。卷杠大致包括分片、梳理头发、夹住发片、垫烫发纸、放卷发杠、卷发片、固定卷发杠、排卷等步骤。

任务准备

卷杠前，需准备好烫发杠、尖尾梳、烫发纸、喷壶、橡皮筋、一次性手套和头模等工具。

任务实施

1）分片。分出的发片的厚度约为卷杠直径的八分，宽度约为卷杠长度的八分，见图 4-2-1。

2）梳理头发。将头发从根部开始梳理光顺，见图 4-2-2。

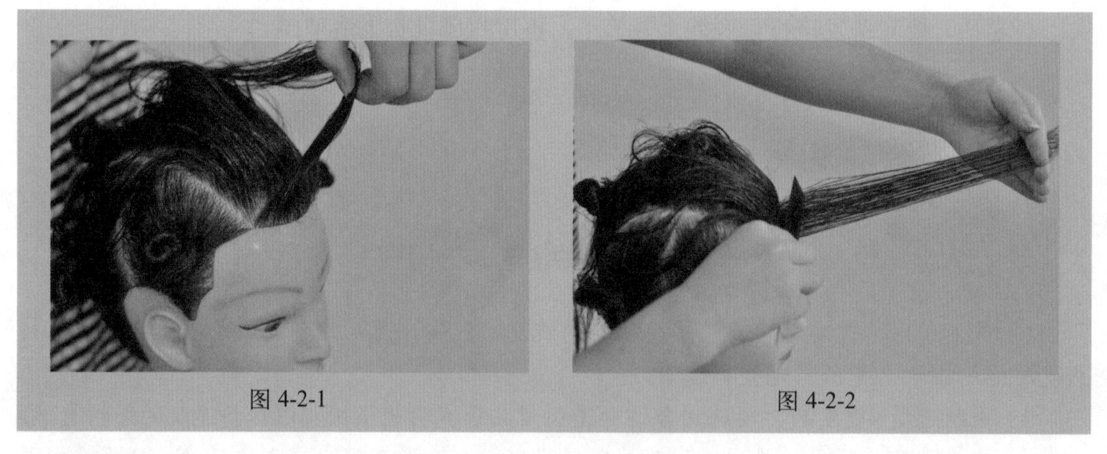

图 4-2-1　　图 4-2-2

3）夹住发片。用食指和中指夹住发片，见图 4-2-3。

4）垫烫发纸。将烫发纸垫在头发外面，见图 4-2-4。

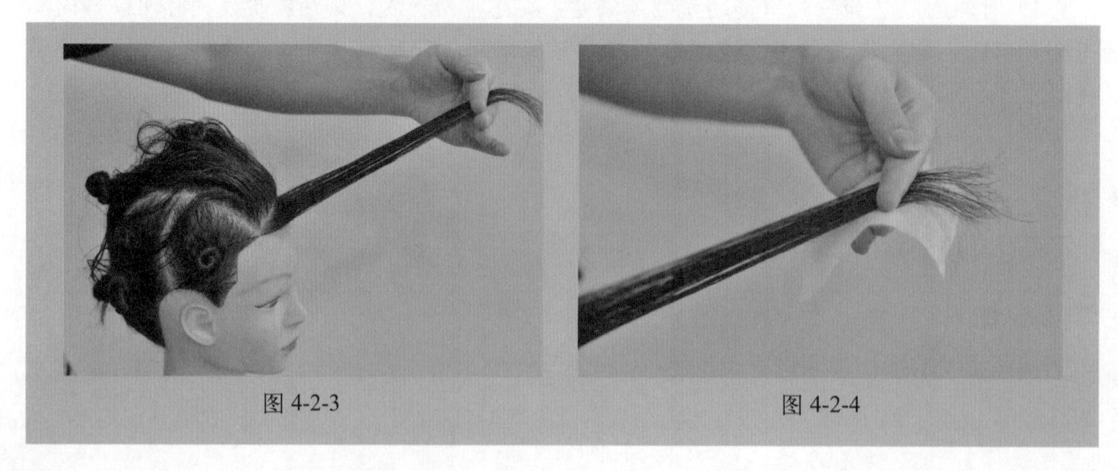

图 4-2-3　　图 4-2-4

5）放卷发杠。将卷发杠放在头发里面，见图 4-2-5。

6）卷发片。

① 用尖尾梳协助，将头发卷在发杠上，见图 4-2-6。

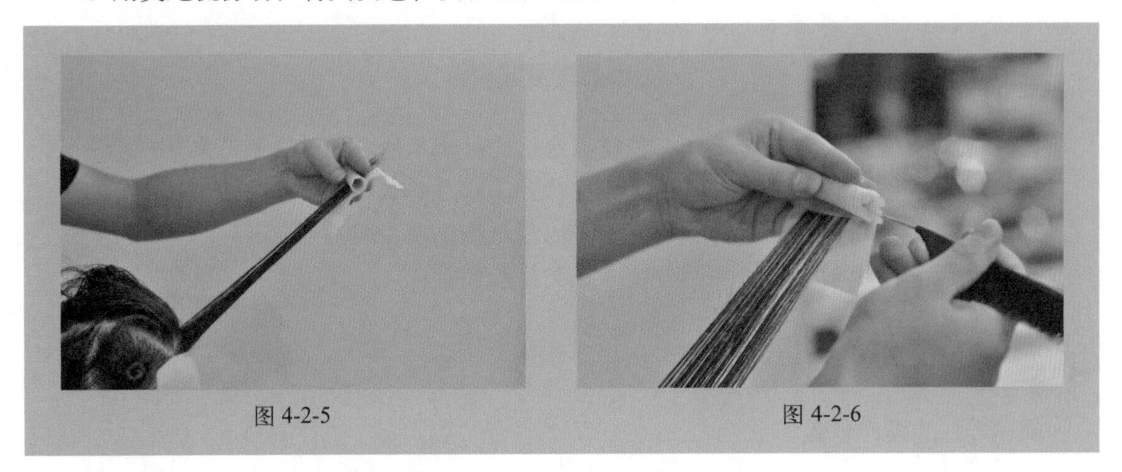
图 4-2-5　　图 4-2-6

② 两手力度适中，卷杠与头皮平行向内卷，见图 4-2-7。

③ 将发杠卷至发根，见图 4-2-8。

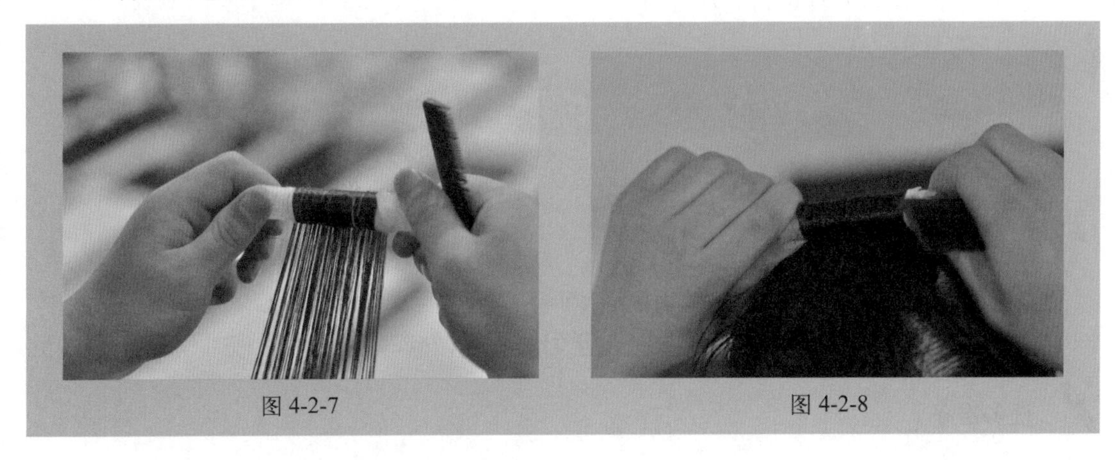
图 4-2-7　　图 4-2-8

7）固定卷发杠。用皮筋固定，见图 4-2-9。

8）排卷。根据发型设计的需要完成排卷，见图 4-2-10。

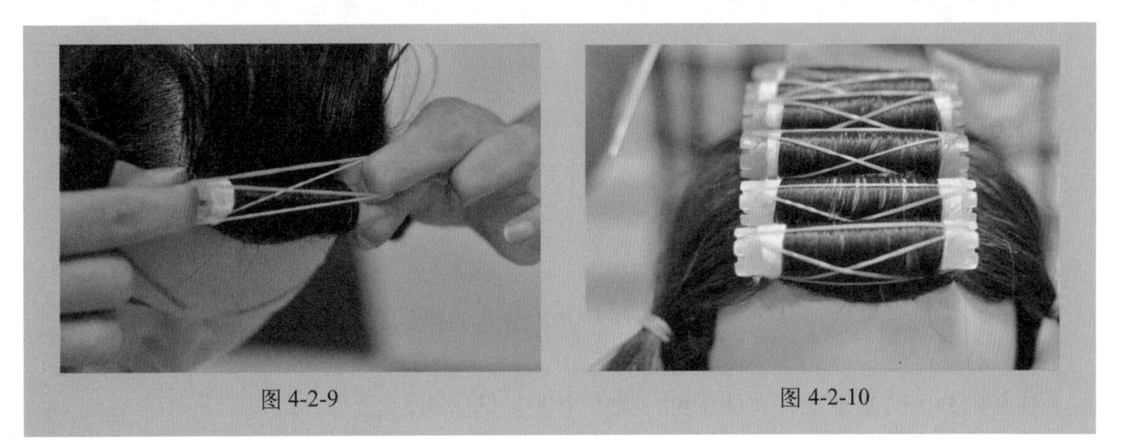
图 4-2-9　　图 4-2-10

知识拓展

卷杠的要求

1）梳通顺。发片要梳顺，不能有缠绕、结子、松紧不均匀或歪斜等现象。

2）摊平整。发片要摊平整，每根头发都拉直、有力，烫发纸要包服帖。

3）排整齐。发片提拉角度和排列位置要均匀、整齐。

4）卷紧实。卷杠时，用力要均匀，且将发片卷紧实。

说一说

简述卷杠的操作步骤。

练一练

按照卷杠的操作步骤进行卷杠练习。

任务 4.3 标准、砌砖、扇形排卷技术

任务描述

烫发时，常用的卷杠排列方式包括标准（十字）排列、砌砖排列、扇形排列等三种。其中，标准排列是最基础的排列方式。我们要通过学习和练习，熟练掌握三种卷杠排列的操作技巧。

任务准备

1. 工具准备

准备好头模、尖尾梳、烫发纸、卷杠、夹子、橡皮筋、烫发纸、喷壶等工具。

2. 头发准备

头发带湿，且用梳子梳通。

任务实施

1. 标准（十字）排列的操作技巧

标准排列是烫发中最基本的卷杠排列方式，是其他排列方式的基础。

(1) 分区

在基础分区的基础上，将头发细分为 9 个区，见图 4-3-1。

图 4-3-1

（2）上杠角度、分片要求

1）各区域发片提拉的角度范围为 45° ~ 120° 。

2）以尖尾梳分发线、挑发片，发片厚度为卷杠直径的八分，见图 4-3-2。

（3）标准排列的卷杠要求（以 54 根卷杠为例）

1）预定分发线。

2）顶前区提拉角度为 90° ~ 120° ，排 6 根发杠，见图 4-3-3。

图 4-3-2

图 4-3-3

3）后部区域发片提拉角度为 60° ~ 90° ，排 6 根或 7 根发杠。

4）枕骨以下区域为 45° ~ 60° ，排 7 根或 8 根发杠，见图 4-3-4。

5）前侧区排 7 根发杠，见图 4-3-5。

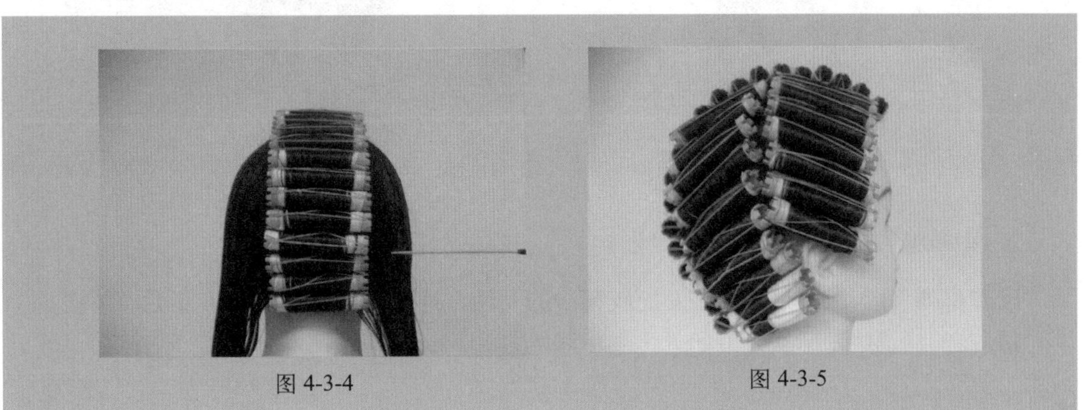

图 4-3-4

图 4-3-5

6）后侧区要对齐中排卷杠，排 10 根发杠，见图 4-3-6。

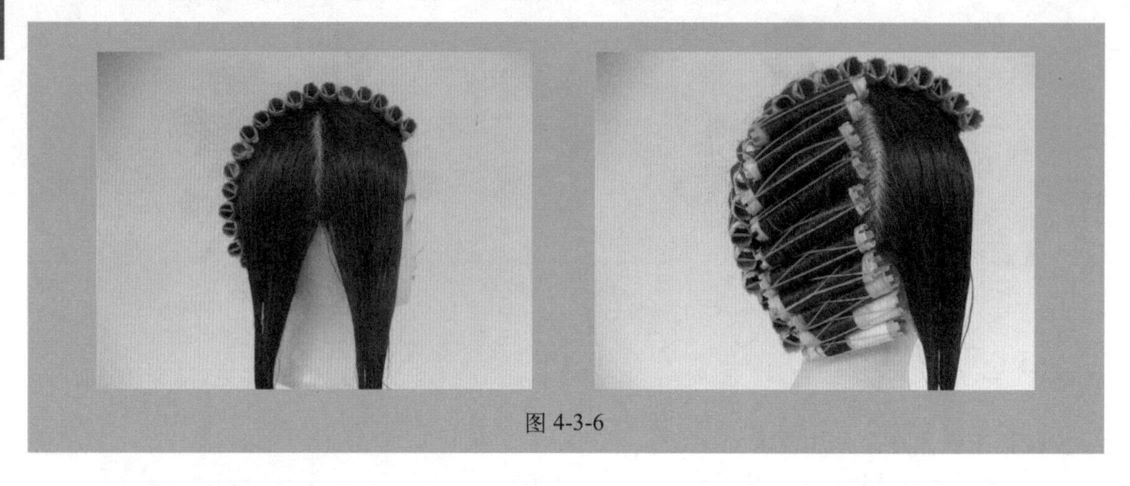

图 4-3-6

标准排列卷杠最终效果见图 4-3-7。

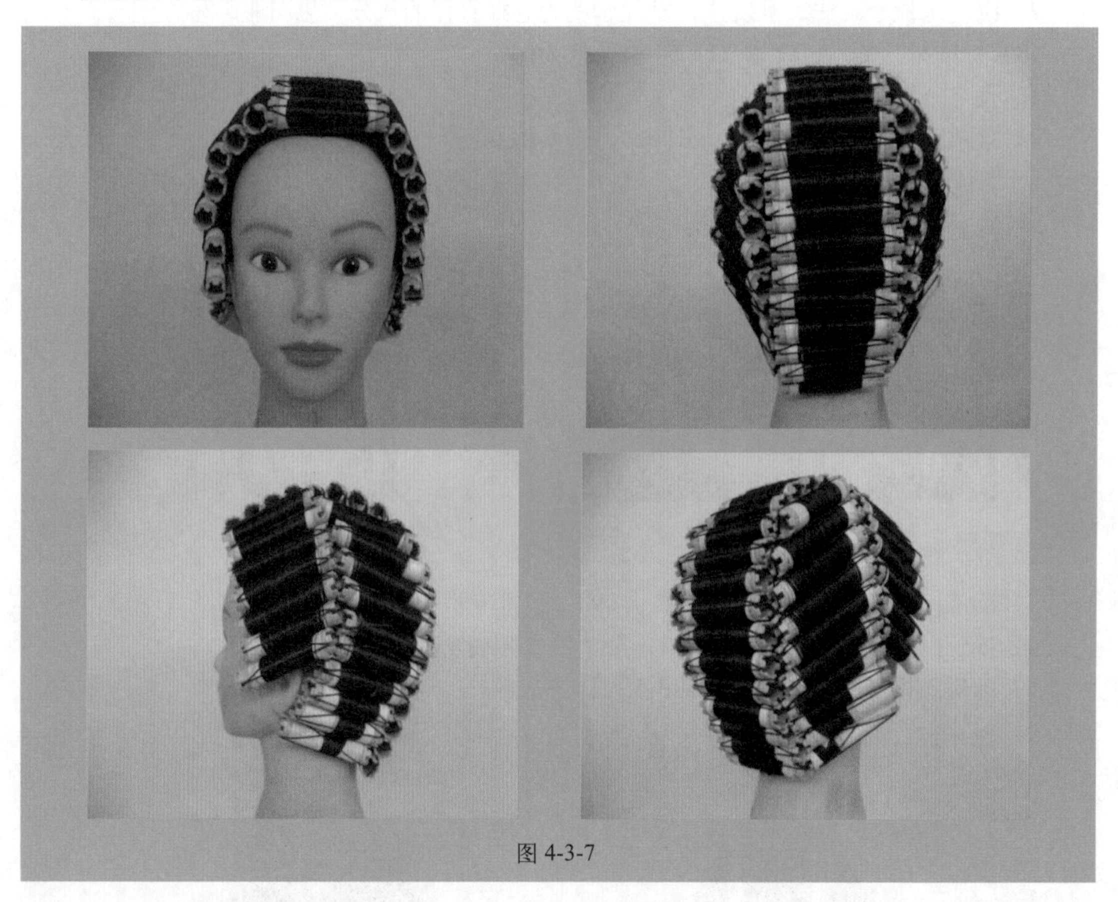

图 4-3-7

2. *砌砖排列的操作技巧*

砌砖排列（图 4-3-8）适合头发比较稀少的女性，这种排列方式能使头发更加蓬松。

1）在前额正中发际线处开始卷，卷一根卷杠。

2）在第二层卷两根卷杠，两根卷杠的缝隙要对准第一排卷杠的中心。

3）在第三层卷三根卷杠，每两根卷杠的缝隙都要对准第二排卷杠的中心。

4）依次逐层递增，直到头部最宽部位，每两根卷杠的缝隙都要在前排卷杠的中心。

5）往下逐层递减，直到后发际线处。

砌砖排列的排杠公式为：1-2-3-4-5-4-3-2-1-3-2-3-2（注意“1”后面的排杠情况要根据头发的具体情况而定）。

图 4-3-8

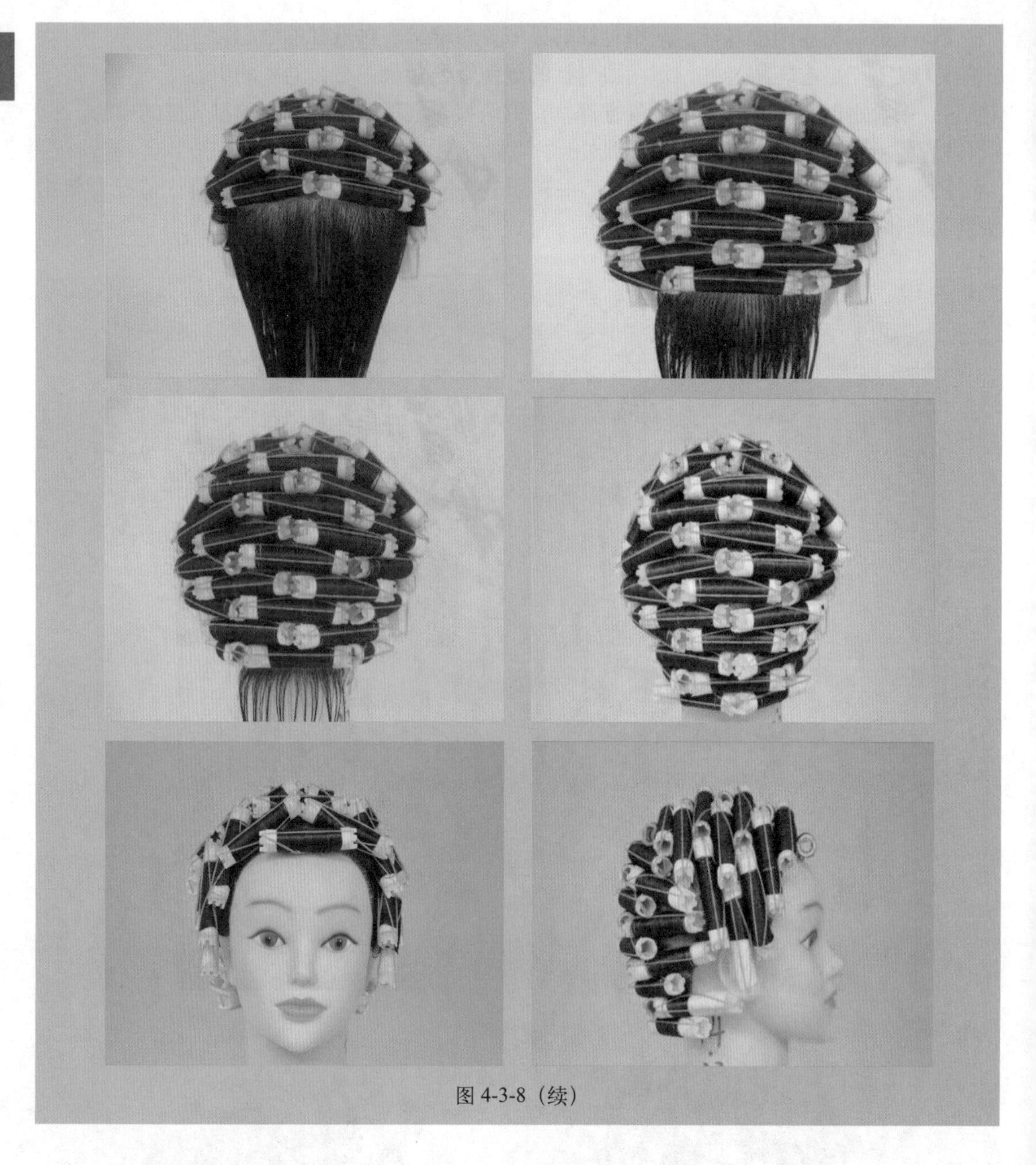

图 4-3-8（续）

3. 扇形排列的操作技巧

（1）分区

从前额往后脑，按十字排卷的分区方法分出中间区域，然后将两侧也从前往后各分成两个区域，见图 4-3-9。

（2）上杠排列

1）中间区域：按照标准排卷法，从前额发际线处开始排卷，由前往后排，约排 20 根卷杠，见图 4-3-10。

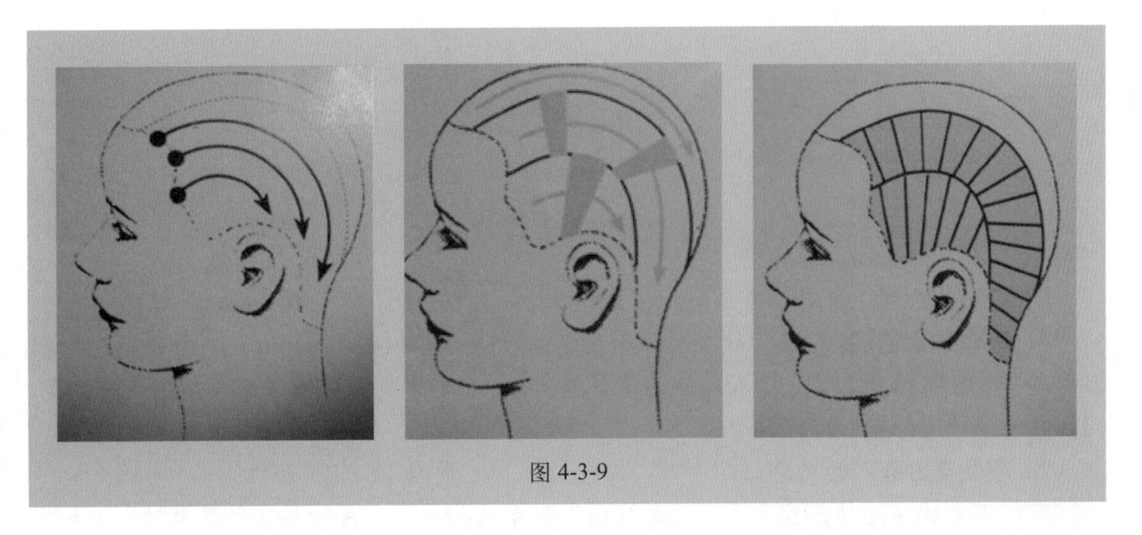

图 4-3-9

2）两侧区域：在两侧鬓角处上两个水平杠，然后由前往后开始排卷，分三角发片提拉90°，竖向排卷至耳朵背后，在耳朵背后进行水平排卷。两侧用相同的排卷手法进行排卷，见图 4-3-11。

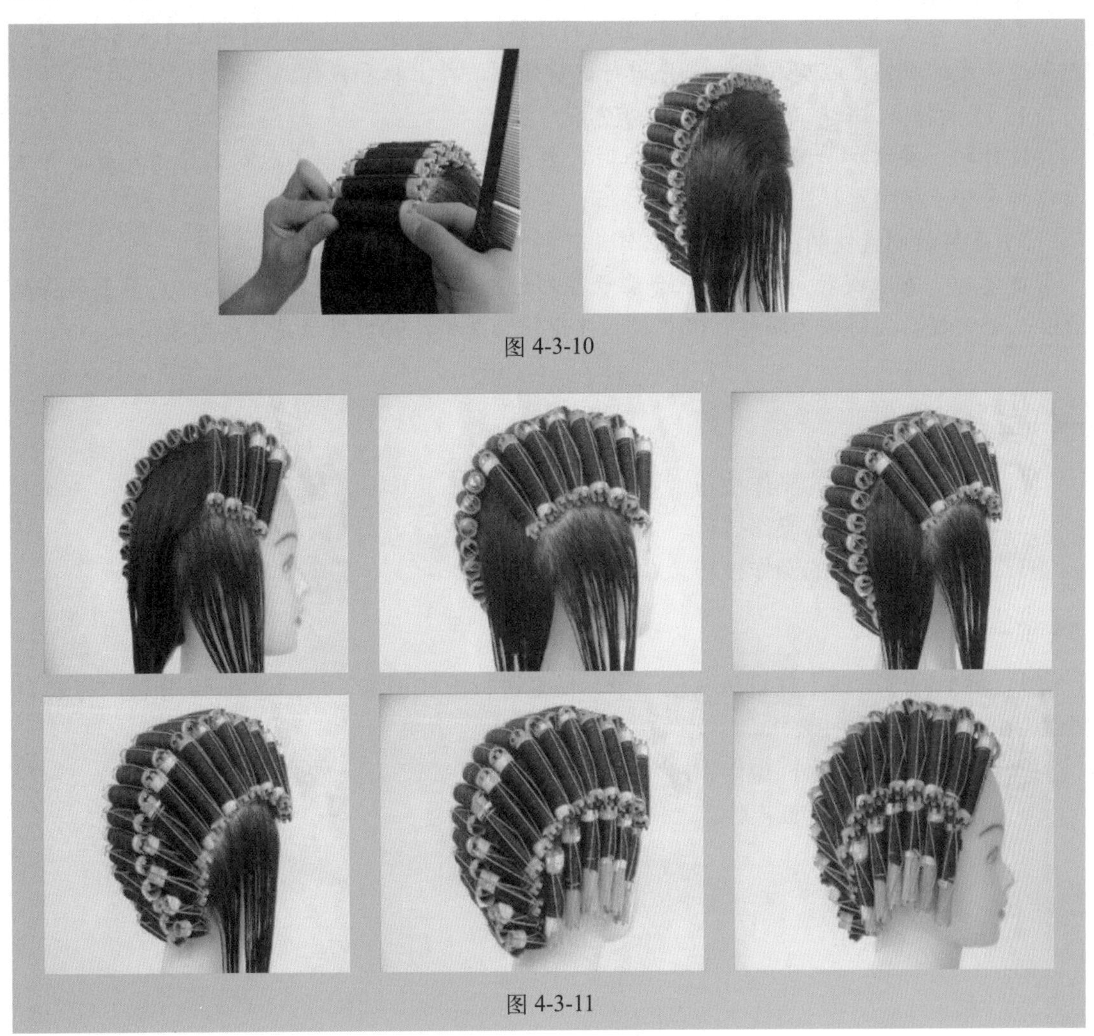

图 4-3-10

图 4-3-11

知识拓展

烫发技巧

1）给两侧头发上杠时，角度与杠数需要保持一致吗？

两侧杠数必须保持一致。杠数的多少决定花形的大小和头发的蓬松度。如果两侧的提拉角度与杠数不对称，就会造成两侧的花型不对称。上杠的时候，要采用同高度、同角度、同杠数的方式进行排杠。

2）怎样烫出头发的动感？

卷杠时，杠具选择不宜太多；修剪发型时，层次要偏高，并按层次的高低修剪；排列杠具时，按照发型师对顾客脸型的修饰来排列，还要注意卷杠排列的方向感，才能使头发产生较为紧密的花型效果。

3）发量过多且特别粗硬的头发该怎样烫？

剪发的时候，要对发量进行调节；上杠的时候，要拉低角度，采取内斜发片大号杠上杠，以制造头发的服帖；在烫发前，要先进行烫前处理，再上杠和操作。

4）发量特少且细软的头发该怎样烫？

设计时，要增加头发的体积；上杠时，要用偏小号的杠子，不能取太厚的发片，并主要以水平分层横向卷杠。

5）怎样控制烫发的角度？有什么作用？

烫发时，卷杠提拉角度的高低会影响花形的蓬松程度，角度拉得越高，发根表现得越蓬松。45° 提拉显得较为服帖，60° 提拉显得较为蓬松，90° 提拉显得最为蓬松。

说一说

1．简述十字排列的操作技巧。

2．简述砌砖排列的操作技巧。

3．简述扇形排列的操作技巧。

练一练

1．每个同学准备上杠训练头模一个，反复进行上杠训练，最后达到 30 分钟内完成 50 个以上的标准排列卷杠要求。

2．练习砌砖排列卷杠操作。

3．练习扇形排列卷杠操作。

评价标准	满分	学生自评得分	学生互评得分	教师评定得分
正确诊断发质，根据顾客发质正确选择冷烫精	5			
根据发型式样要求，选择不同卷杠型号	5			
分区卷杠之梳顺：发片要梳通顺，不能有缠结、松紧不均或歪斜	5			
分区卷杠之摊平：发片要摊平整，每根头发都要拉直，有力，烫发纸要包服帖	5			
分区卷杠之排齐：发片提拉角度和排列位置要均匀、整齐	5			
分区卷杠之卷紧：卷杠时用力要均匀	5			
分区卷杠之分片：发束分片既不要超出卷杠的直径，也不要超出卷杠的长度，否则将直接影响烫发的质量	5			
正确涂放烫发精、施放定型剂，并能准确控制烫发药水的停放时间	9			
按要求完成试卷、拆卷、冲水环节	6			
总分	50			

项目5 漂染基础

学习目标

1. 了解色彩的基本知识。
2. 掌握染发的基础知识。
3. 熟练掌握染发的基本操作方法。
4. 掌握漂发的基础知识。

任务5.1 色彩的基本知识

任务描述

色彩是绘画基本知识的组成部分，是人与人相互交流的语言。色彩在造型艺术中的功能影响是第一位的，美发造型艺术必然受到色彩的影响。什么肤色，只有搭配什么发色，才能作出一件满意的作品。

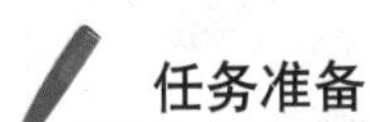

任务准备

色彩图片。

任务实施

1. 色彩的体系

(1) 色彩的构成

色彩一般分为无彩色（消色）和有彩色两大类。无彩色是指白色、灰色、黑色等不带颜色的色彩，即反射白光的色彩，见图5-1-1。

有彩色是指红色、黄色、蓝色、绿色等带有颜色的色彩，见图5-1-2。

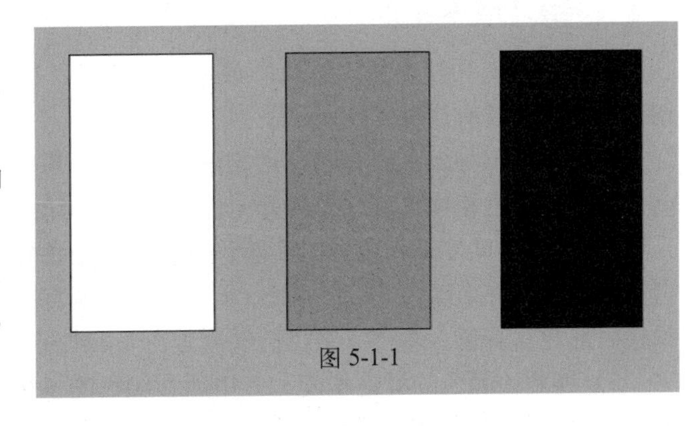

图5-1-1

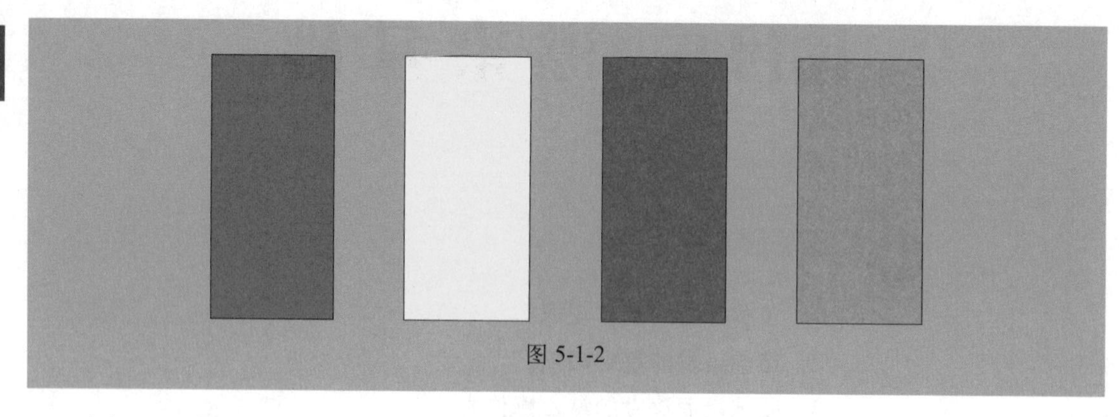
图 5-1-2

（2）三原色

1）原色：第一次色，指最基本、最原始而非其他颜色合成的颜色，即红色、黄色、蓝色，见图 5-1-3。

2）间色：第二次色，即由两个原色混合而成的颜色，即橙色、紫色、绿色（红色 + 黄色 = 橙色、红色 + 蓝色 = 紫色、黄色 + 蓝色 = 绿色），见图 5-1-4。

3）复色：也叫“复合色”，由原色与间色相调或间色与间色相调而成的“三次色”。等量的原色加间色，可配成棕色，三种原色等量调配成为黑色。复色的纯度最低，含有灰色成分，包括原色和间色以外的所有颜色，见图 5-1-5。

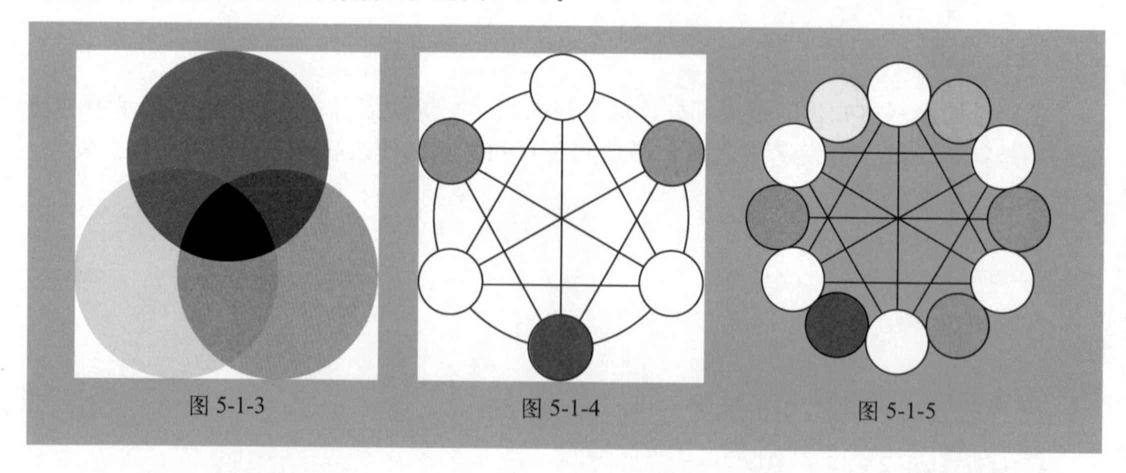
图 5-1-3　图 5-1-4　图 5-1-5

2. 色彩的基本要素

色相、明度和纯度是构成色彩最基本的要素，被称为色彩的三要素。视觉所感知的一切色彩现象都具有这种共性。

1）色相：每种颜色固有的色彩相貌（色调）。基本色相为红色、橙色、黄色、绿色、青色、蓝色、紫色。色相体现着色彩的外向性格，是色彩的灵魂。

2）明度：明度是指色彩的明暗程度，也就是色彩的深浅浓淡程度，同一种颜色由于明度可以区别出许多深浅不同的颜色；七种颜色的明度次序：黄色明度最高，其次依次为橙色、绿色、红色、青色、蓝色、紫色。明度是色彩的骨骼，是色彩结构的关键。

3）纯度：颜色的鲜艳程度和其中所含颜色的多少（色度或饱和度）。纯度也叫饱和度，是指颜色的强度、鲜艳的程度。色彩越纯，饱和度越大，色彩越艳丽。纯度高的色彩掺白色，可提高它的明度，使原色更鲜亮；掺黑色则会降低明度，使原色彩偏暗。色彩有了纯度的变化才显得丰富，见图 5-1-6。

色相分为红色调、黄色调等

明度分为亮色调、灰色调、暗色调。

纯度分为鲜色调、浊色调。

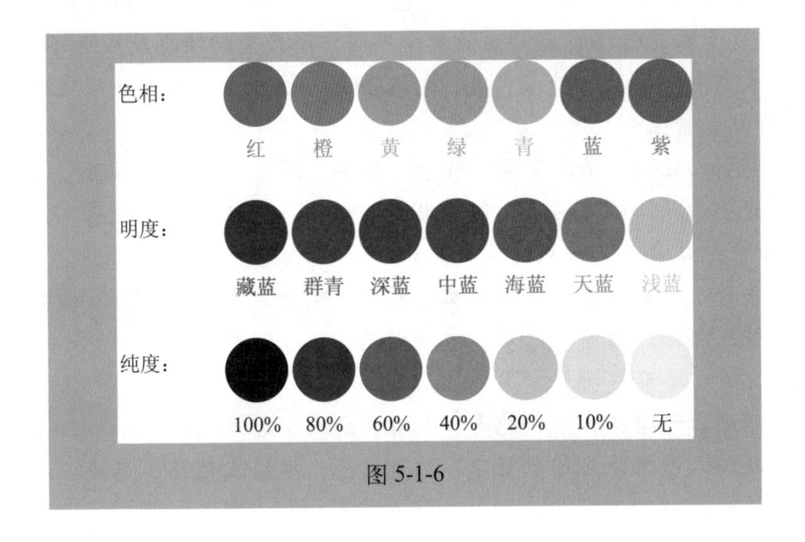

图 5-1-6

3. 色彩的特性

物体通过表面色彩可以给人们或温暖或寒冷或凉爽的感觉（感官），暖色、冷色给人感觉上的差异，如透明与不透明、镇静与刺激、干与湿、疏与密、远与近、微弱与强烈、理智与情感、缩小与扩大、流动与稳定、冷静与强烈等，见图 5-1-7。

暖色调有红色、橙色、黄色，

冷色调有青色、蓝色、紫色。

暖色调给人以动感和热情的感觉，使人想到火和太阳；冷色调给人以空旷和凉爽之感，使人想到天空和海洋。

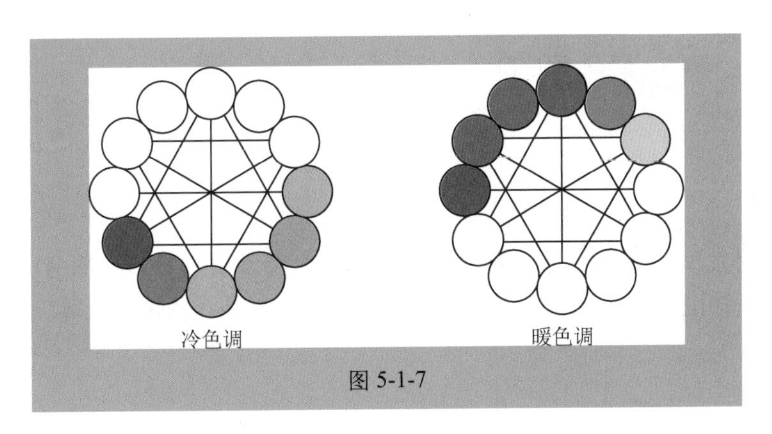

图 5-1-7

知识拓展

色彩的情感作用

色彩的情感效果是色彩的心理反应，是色彩对眼睛的刺激作用和给人留下的印象和影响，每个人的文化素养、性格特点、生活环境不同，所产生的情感反应也不同。

1）红色：最易引人注意，使人兴奋，给人温暖，热烈、喜庆、欢乐之感，也可使人心跳加快、血压升高、紧张和烦躁不安。

2）橙色：易引人注意，给人温暖，光明、饱满、辉煌、明朗、华丽。

3）黄色：光感最强，明度最高，给人明朗、轻快、活跃、年轻之感，国际通用黄色为安全色，同时黄色也是帝王、宗教的代表，显示了一种威严。

4）绿色：平静、安详，最宜养目，象征春天、生命、希望、青春、和平。

5）蓝色：给人深远、纯洁、透明、流动之感。

6）紫色：高贵、华丽、神秘。

7）白色：明亮、干净、朴素、纯真，也给人悲哀、恐怖之感。

8）黑色：既给人严肃、庄重、坚定、力量之感，也给人忧伤、悲痛、沉重、阴森、死亡之感。

9）灰色：高雅、含蓄，给人一种平淡、单调、乏味之感。

说一说

1．色彩的基本要素是什么？

2．简述色彩的特性。

练一练

用红色、黄色、蓝色三种颜料，配出橙色、紫色、绿色、棕色、黑色等颜色。

任务 5.2 染发的基础知识

任务描述

随着人们对发型的追求日趋多元化，美发服务中经常要进行染发服务，这就要求美发师熟练掌握染发知识，包括认识与使用染发用品和染发工具、认识色板等。

任务准备

1．染发用品准备

染发用品主要有染发剂、双氧奶、染膏等。

2. 工具准备

工具主要包括染发碗、染发刷、塑料涂液瓶、量具、锡纸、发夹、手套等辅助工具。

3. 色板准备

色板上的色系一般在 6 个以上，15 个以下。

任务实施

1. 染发的基本原理

染发的原理是通过染膏和双氧奶打开头发的毛鳞片，带走不需要的色素再添充需要的色素的过程，最后再用护发用品闭合毛鳞层。颜色越深的越容易被带走流失。

2. 染发用品

（1）染发剂

染发剂是给头发染色的一种化妆品，分为暂时性染发剂、半永久性染发剂、永久性染发剂。染发用品见图 5-2-1。

1）暂时性染发剂。暂时性染发剂是一种只需要用洗发水洗涤一次就可除去在头发上着色的染发剂。由于这些染发剂的颗粒较大，因此不能通过表皮进入发干，而是沉积在头发表面上，形成着色覆盖层。

2）半永久性染发剂。半永久性染发剂能增加色调和光泽，但不能漂浅自然麦乐宁。一般是指能耐 6 ～ 12 次洗发水洗涤才褪色，涂于头发上，停留 20 ～ 30 分钟后用水冲洗，即可使头发上色。

3）永久性染发剂。永久性染发剂能够同时增加色调，染深或染浅自然色素。它分为三种，即植物永久性、金属永久性、氧化永久性。

① 植物永久性：利用从植物的花茎叶提取的物质进行染色。

② 金属永久性：以金属原料进行染色，其染色主要沉积在发干的表面，色泽具有较暗淡的金属外观，使头发变脆，烫发的效率变低。

③ 氧化永久性：氧化永久性是市场上的主流产品，它不含有一般所说的染料，而是含有染料中间体和耦合剂。这些染料中间体和耦合剂渗透进入头发的皮质后，发生氧化反应、耦合反应和缩合反应形成较大的染料分子，被封闭在头发纤维内。

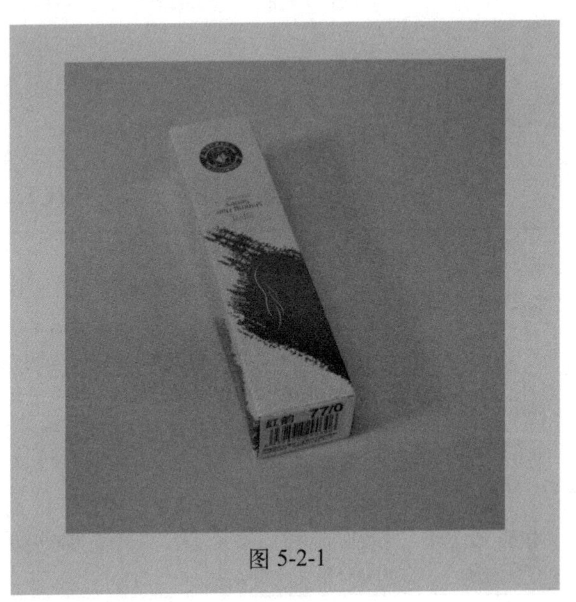

图 5-2-1

（2）双氧奶

双氧奶又称显色剂，是白色乳状物。

双氧奶有调配染膏和漂粉，通过打开头发毛鳞片来改变头发颜色的作用，呈酸性，pH 为 2.8 ～ 4.0，见图 5-2-2。

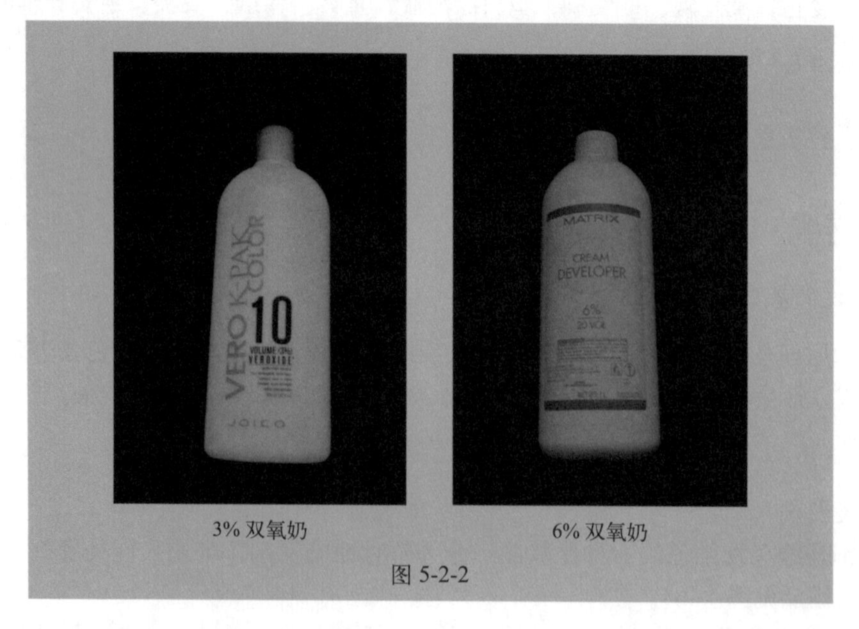

3% 双氧奶　　6% 双氧奶

图 5-2-2

双氧奶的浓度一般用“%”或“VOL”表示，常用的双氧奶有以下四种：3% = 10VOL，6% = 20VOL，9% = 30VOL，12% = 40VOL，见表 5-2-1。

表 5-2-1

双氧奶的浓度	染浅度	功　能
3%	轻度退浅	浅染深，不能覆盖白发，可用于同度色素补充，极度受损发质的染色
6%	1 ～ 2 度	染深和染浅色差 1 ～ 2 度、能完全覆盖白发
9%	2 ～ 3 度	深染浅色差 2 ～ 3 度
12%	3 ～ 4 度	深染浅色差 3 ～ 4 度

3. 染发工具

常用染发用具及其功能，见表 5-2-2。

表 5-2-2

名　称	功　能
染发碗 / 调色碗	盛装染发剂配方；有些染发碗带有一个可放置染发刷的支座，或有一个橡胶底座，防止染发碗滑落；有些还带有刻度，可用于准确混合；通常在使用黏稠度比较大的染发产品时使用染发碗和染发刷
染发刷	一端是尼龙刷，用来涂染发剂，另一端是尖尾状，可用来划分头发；染发刷有多种形状和大小，选择何种染发刷要根据染发区域的大小及想要的效果而定
塑料涂液瓶	盛装染发配方；瓶嘴呈锥形，可用来划分头发并涂抹（分配）染发剂；瓶身有刻度，可作计量用；通常在使用液体产品时使用
量具	有计量刻度的工具，测量单位包括盎司、毫升或厘米等；用于测量配方比例
锡纸 / 染发纸	染发时将交织发束或发片与不予处理的头发隔离开；也可防止染发剂互相渗透交错
发夹	染发时用来控制头发

续表

名　称	功　能
围布	顾客和美发师都需要围，用于保护皮肤和衣服
棉条	围在发线周围，防止产品滴落到顾客眼睛里；用在分份之间的基面上，以免产品渗透到别处；做皮试时使用
手套	用于美发师为顾客进行化学服务期间保护双手

知识拓展

色　板

色板也叫毛板，是指染发后所达到的最终颜色，即我们所说的“目标色”。有了色板，可以让顾客有一个清楚的颜色选择。同时发型师也可用与色板相对应的染膏去操作，非常方便。

色板上表达染膏颜色的方法有很多种，在国际市场上占主导地位的是数字颜色编码系统，已被国际上大多数专业美发厂采用。

（1）色度

色度是指颜色的深浅，有 1 ~ 10 度之分。数字越小，所含黑色素越高，头发颜色越深；反之，头发颜色越浅，如 1——深黑色，2——自然黑色（十分深棕），3——深棕色，4——棕色，5——浅棕色，6——深金色，7——金色，8——浅金色，9——十分浅金色，10——最浅金色。

（2）色调

色调决定了一种颜色表现出来的具体色彩。不同厂商设计的色调和数字的对应关系可能不同，一般的色调和数字关系对应如下：

0——自然色，1——灰色，2——紫色，3——金黄色，4——铜色，5——枣红，6——红色，7——绿色，8——蓝色。

说一说

1．简述染发剂的分类。

2．简述染发工具的功能。

练一练

练习辨别色板。

任务 5.3　染发的基本操作方法

任务描述

染发是一种将人造色彩加在头发的天然色素里，从而美化头发的手段，是一门改变头

发颜色的工艺。头发染色包括把头发的自然发色改变为人工的附加颜色；把自然发色的深度颜色改变为人工的浅度颜色，把自然发色的浅度颜色改变为人工的深度颜色，把人工的附加颜色去除而重新恢复原有的自然发色。

任务准备

1. 工具准备

染发造型常用的产品有染发剂、双氧奶、染膏等。

染发所用的工具有刷子、塑料小瓶、塑料小碗、量杯、棉棒、护手套、凡士林、锡箔纸、带孔塑料帽、发梳、夹子、毛巾、围布、染发用披肩。

2. 操作准备

（1）拟定目标色

头发色的拟定必须以尊重顾客的选择为基础，根据顾客的自然发色、肤色，提出技术性的专业建议，确定头发染色的目标色。

（2）检查头发、头皮状况

检查顾客的头发有无损伤，是否容易断裂，是否染过，染过的头发是否有金属染料遗留痕迹；检查头皮是否有破损、发炎或传染病等，若有这些问题是不可以染发的。

（3）做药剂与皮肤的接触试验

这是检查顾客的皮肤对染发剂是否有过敏反应。将调配好的少量染发剂涂在耳后或手肘内侧，需保持 24 小时左右，如果出现红斑、水泡或肿胀，说明对药剂有过敏反应，是不可以进行染发的；反之，则可以进行。

（4）做小发束染的试验

做此试验的目的是预先测试头发染色的效果，确定头发变色的时间、染发剂的浓度及头发的承受能力等。

（5）保护皮肤和头发分区

为顾客围好围布，戴上耳套，并沿发际线涂抹少许凡士林，以免污染到客人皮肤。

任务实施

1. 染色剂的调配

染色剂主要是用染膏和双氧奶按 1 ： 1 的比例倒入小碗或带有药水的瓶中搅拌均匀而成的。不同的产品中，染膏和双氧奶的比例会有所不同，以说明为准。染深所用的双氧奶应为 6%。因此，应按照产品说明混合染发剂和双氧奶，并戴上手套。

2. 涂放染发剂的基本操作方法

不同的发质、不同的染发需要甚至不同品牌的染发产品都会导致染发操作方式的差异性，很难一一列举。因此，我们这里只介绍涂放染发剂的基本操作方法。

1）将头发分为四个区，见图 5-3-1。

2）从后颈区开始涂放染发剂，见图 5-3-2。

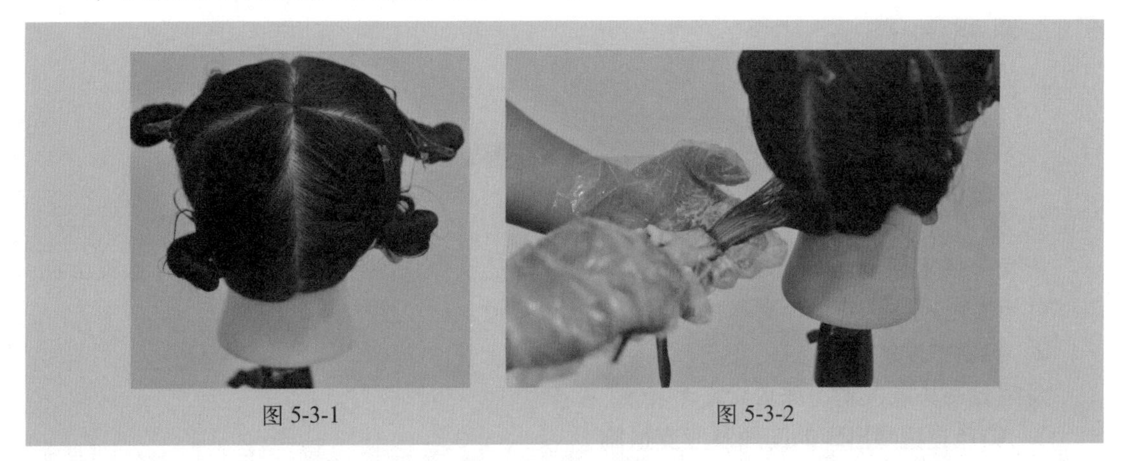

图 5-3-1　　图 5-3-2

3）分出发片，涂抹染发剂直至顶部，见图 5-3-3。

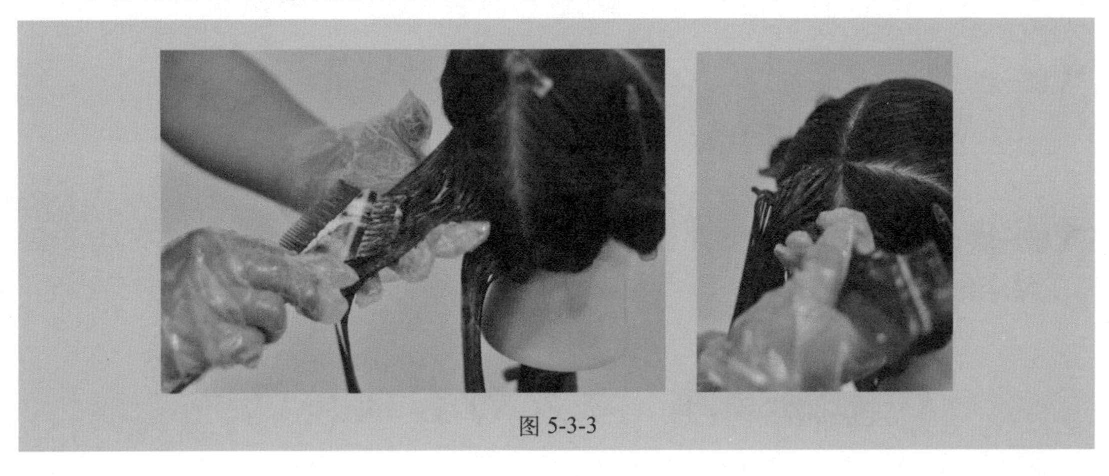

图 5-3-3

4）先染两侧，最后染顶部区域，见图 5-3-4。

5）每片发片厚度为 1 ～ 2 厘米。涂抹时必须涂抹均匀。涂抹完全部头发后，将头发分开，这样可以使空气流通、上色均匀，见图 5-3-5。

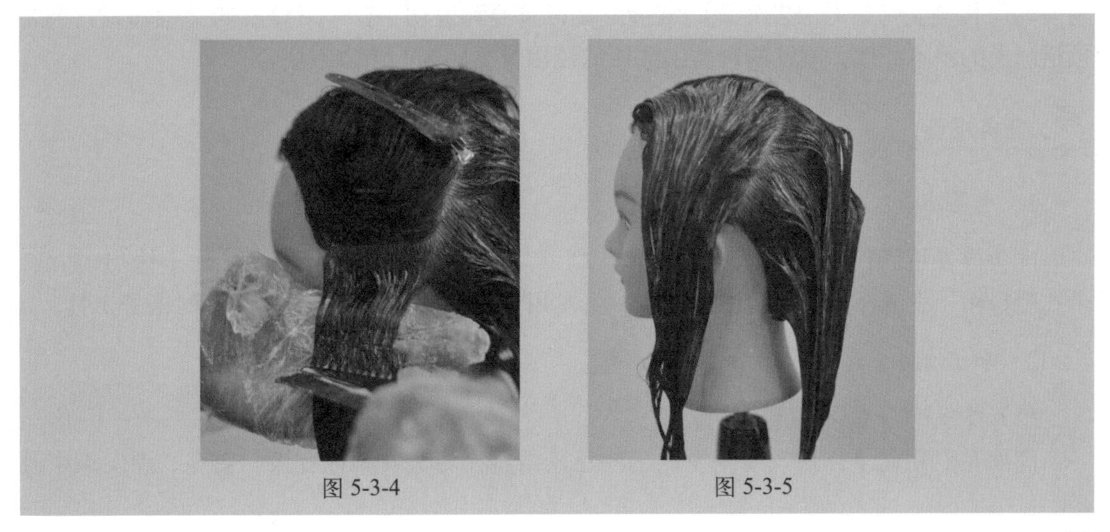

图 5-3-4　　图 5-3-5

知识拓展

染发中的注意事项

1．效用时间

染发一般无须加热，大概停留30分钟，在此过程中应不时地检查头发是否已染上色。具体时间参考产品说明书，也取决于顾客的头发质量。

2．染色护发的处理

用酸性洗头液洗发，并用护发素护发。

3．染色过程易出现的问题及应变措施

染色混合物滴落颈、背、眼睑或衣服上时，应用冲洗器、毛巾、棉花之类的物品进行清洗。

说一说

1．染色前应该做好哪些准备？

2．简述染发的操作程序。

练一练

练习涂放染发剂。

任务5.4 漂发的基础知识

任务描述

随着染发人群的不断增多，人们对发色的需求和选择范围也越来越广，越来越宽，作为一名现代美发师，对漂发知识的掌握就显得重要和迫切了。学习漂发的基础知识，主要包括漂发的基本原理、漂发的种类、漂粉的使用及漂发剂的涂放方法等。

任务准备

1．用具准备

准备漂发用品，主要有漂粉、双氧奶及刷子、塑料小碗、棉棒、护手套、凡士林、锡箔纸、带孔塑料帽、发梳、夹子、毛巾、围布、染发用披肩、洗发液、护发素、计时器等工具。

2．知识准备

（1）漂发的基本原理

漂发是利用化学作用改变头发内部的色素结构，将头发颜色变浅、变亮。漂发剂中通常含有双氧奶，这是一种能够消除色素的物质，双氧奶中的氧可以软化头发的表皮层，渗透到皮质层中，消除原有色素细胞，减小色度，使头发变浅。可见，漂发的基本原理是利用混合的化学药剂渗透头发的皮质层来改变色素细胞的色调，通过去除头发色素达到改变头发颜色的目的。

头发的色素按漂淡的不同程度而改变，这种改变是由头发的色素及漂发剂的浓度系数和停留时间的长短决定的，黑色头发漂成浅色的变化过程大致为黑色—褐色—红褐色—浅褐色—黄色—浅黄色—亚麻色。

（2）漂发的种类

漂发可按漂发的不同方法加以区分，一般分为全部漂发和局部漂发两种。

1）全部漂发。全部漂发是将全部头发的颜色漂浅，使用这种方法的目的是为彩色染发创造条件。因为在染发时，由于顾客本身的头发颜色太深，需要的颜色不能直接染出来，所以用漂的方法来把头发漂浅，然后再进行染发使头发达到所需的颜色，见图 5-4-1。

2）局部漂发。局部漂发是将头部的某一部位的头发漂浅，或是将几缕头发漂浅，它同样也是根据发型的需要而定的。局部漂发常用于头顶部头发，或是两侧比较明显的部位。局部漂发包括多种方法，如挑漂、点漂、条纹漂等。运用不同的方法可以产生不同的漂发效果，见图 5-4-2。

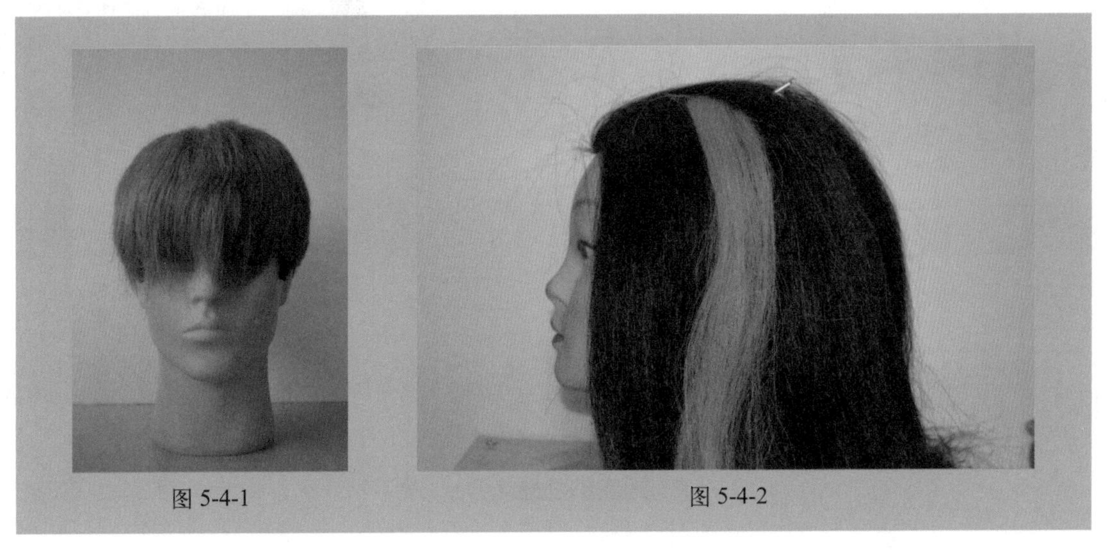

图 5-4-1　　图 5-4-2

（3）漂粉的使用范围

1）染浅时，目标色的色度超过基色色度 4 度以上时，可以使用漂粉的技巧，将头发中的自然色素进行少量去除，以达到最佳的着色目的和效果。

2）继续染浅人造色素时，也必须借助于漂粉才能达到目标颜色的效果。对已经染过的头发，如果想使现有发色变得更浅、颜色更亮，一般的染色技术达不到。

3）如果想得到创意性的颜色效果，漂粉的使用更是必不可少。

3. 操作准备

漂发的操作准备参考任务 5.3 任务准备中染发的操作准备。

任务实施

涂放漂发剂的基本操作方法如下。

1）将头发分成四区，见图 5-4-3。

2）从第一区开始涂抹。从上面挑出一层头发（图 5-4-4），用戴着防护手套的左手托住，右手将漂发剂涂抹到头发上。涂抹时，先从距头皮约 3 厘米处开始一直涂抹到发梢，逐层用同样的方法涂抹均匀（图 5-4-5）。

3）第二至第四区涂抹的方法与第一区的相同。

4）将漂发剂涂到全部头发的发根处。

5）用双手轻轻揉搓头发，有利于药剂的吸收。

6）将全部头发集中梳到头顶部，用夹子固定。梳发力度要轻，避免刺激皮肤。

7）取一条毛巾，将其扭成绳状围在发际边缘，防止漂发剂粘到顾客的皮肤上。

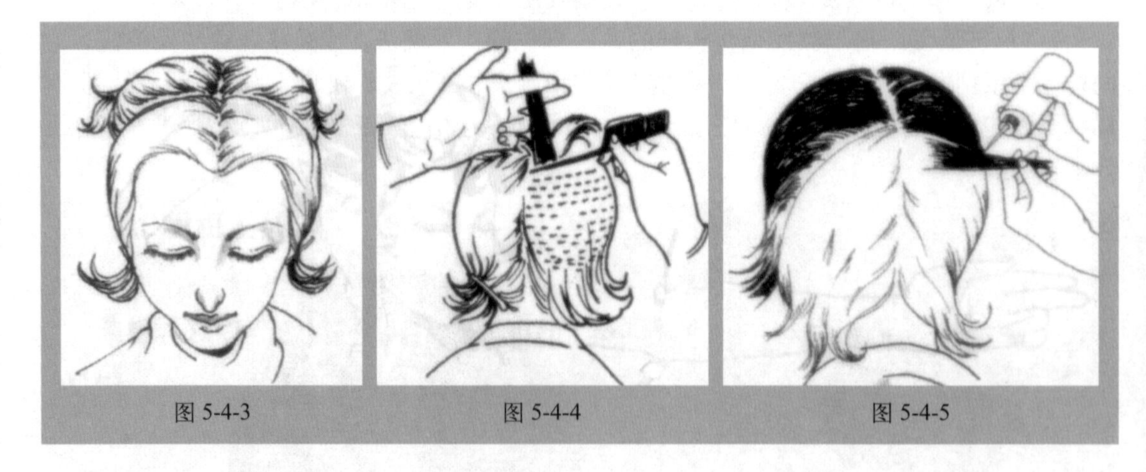

图 5-4-3　　图 5-4-4　　图 5-4-5

知识拓展

漂发的注意事项

1）漂发时经常出现发干颜色较深而发梢颜色较浅的现象，原因是发梢发孔较粗或者受到损伤。避免这一现象的方法是将发梢部分使用的漂发剂浓度酌情稀释，降低浓度。

2）施加了漂发剂后，头发经过软化比较容易折断，不宜用梳子梳理，只能用双手轻轻揉搓。

3）漂发对发质损伤较大，漂发后要及时对头发进行护理，降低发质受损程度。

说一说

1．简述漂发的基本原理。

2．简述漂发的种类。

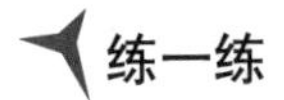

练一练

练习涂放漂发剂。

评价标准	满分	学生自评得分	学生互评得分	教师评定得分
染发前要检测头发与头皮	5			
做好药剂与皮肤的接触试验	10			
发色的设计	5			
正确调配染发剂	15			
美发师做好自己的防护措施，戴手套操作	5			
做好顾客保护措施，不让染发剂掉到顾客身上	10			
涂放染发剂，方法正确，涂抹均匀，涂抹每片发片过程中，取染发剂剂量合适，不重复取量	35			
确定染发时间的控制	10			
消除染发剂	5			
总分	100			

项目6 吹风基础

学习目标

1. 掌握吹风的基本方法。
2. 掌握滚梳吹风的技巧。

任务6.1 吹风的基本方法

任务描述

吹风能使头发快速干燥、蓬松，呈现出方向性和动感，在美发过程中具有十分重要的作用。学习吹风技术，首先从学习吹风的基本方法开始。吹风的基本手法有压、别、挑、拉、推、翻、滚、卷、刷等。

任务准备

1. 工具准备

吹风常用的工具主要有吹风机、排骨梳、滚刷、小板梳、针尾梳、九行梳、大和中梳子等主要工具，以及毛巾、围布、喷壶、发胶、啫喱水、发乳、发油等辅助用品。

2. 对象准备

吹风前，如果头发过湿，应该用干毛巾吸走过多的水分，这样可以省时省电；如果头发完全干燥，应用喷壶喷洒水，增加头发的水分，避免吹焦。

3. 知识准备

1）吹风是利用腰部和膝部来调节位置的，即不依靠移动手臂，而是利用身体来改变发梳的位置，基本要领就是把发梳拿在自己身体的正前方，让吹风机朝自己身体的方向送风。

2）吹风机通常有热、冷两种风，热风主要起烘干、吹型的作用，冷风则起定型作用。

任务实施

1）压吹（图6-1-1）。方法有两种：梳子压和手掌压。

梳子压：梳背向前，梳子由前向后斜插入头发内，梳背压住头发不动，吹风机从梳背斜上方移动送风，吹风机移动要快，梳子抬起要慢，以达到平伏效果。

手掌压：左手平贴在头发边缘上，吹风机从手指的间隙送风，将大部分风吹在手掌上，手掌按抚头发，将热量传递到头发上，使发梢服帖。

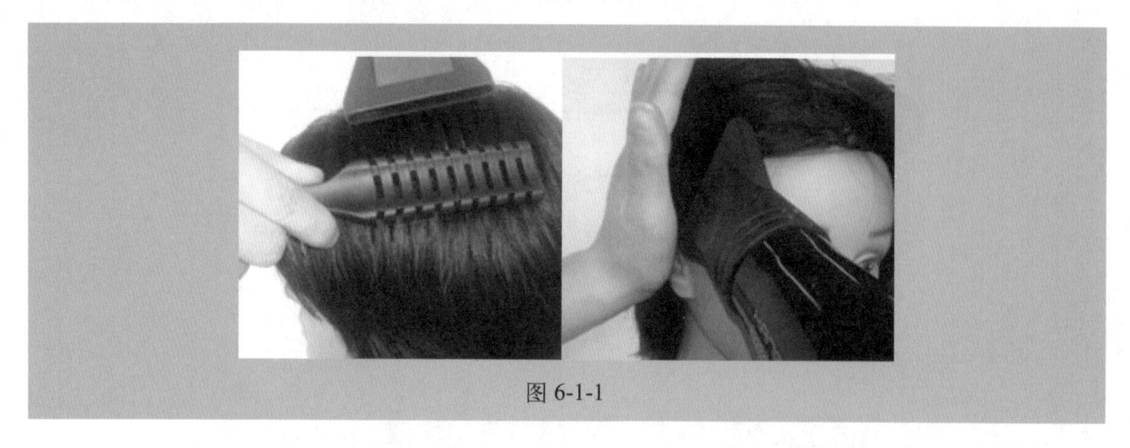

图 6-1-1

2）别吹（图 6-1-2）：用梳子斜插入头发内，梳齿向下沿头皮运转，使发杆向内倾斜。

3）挑吹（图 6-1-3）：用梳子挑一束头发向上提，使头发带一些弧形，再用吹风机送风，吹成微微隆起的样子。

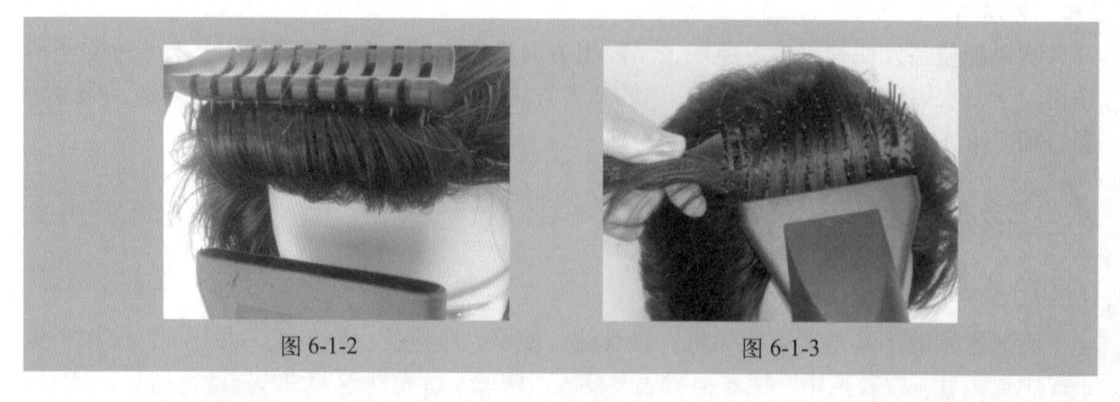

图 6-1-2　　图 6-1-3

4）拉吹（图 6-1-4）：吹风机和梳子同时移动，一般用于吹轮廓线及后脑接近顶部的头发。

5）推吹（图 6-1-5）：先将梳齿向前向后插入顶部头发内，然后将梳子别住头发向前推。

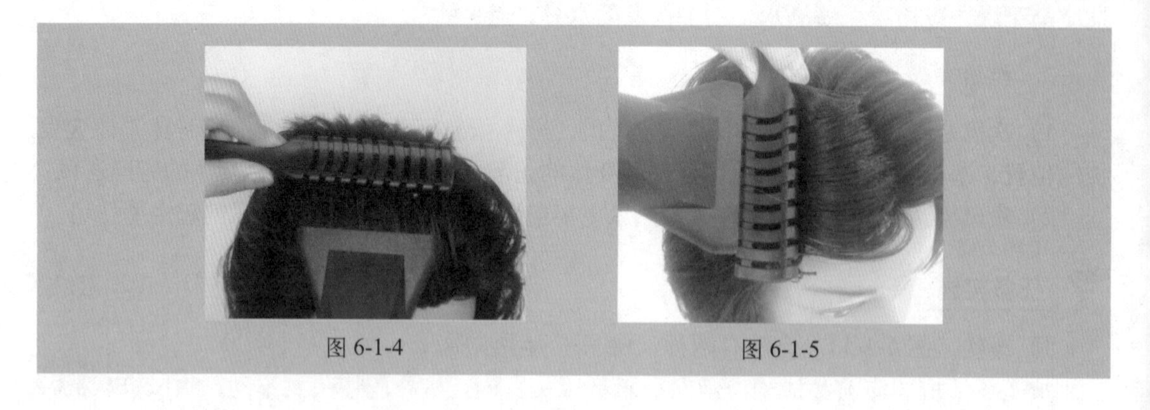

图 6-1-4　　图 6-1-5

6）翻吹（图 6-1-6）：梳子向外翻带头发，正对梳面送风，专用顶部及两侧的头发。

7）滚吹（图 6-1-7）：吹风时用排骨梳或滚刷带住头发向内滚动，使发梢自然向内扣。

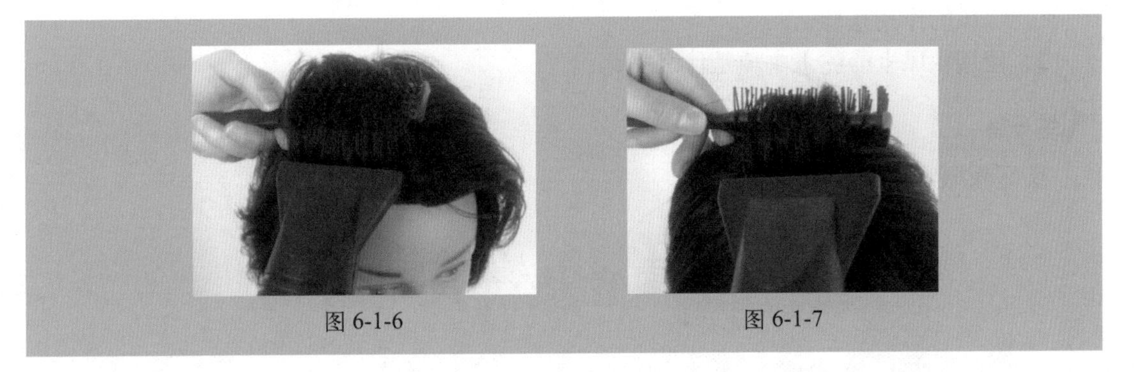

图 6-1-6　　图 6-1-7

8）卷吹（图 6-1-8）：将几把滚刷同时卷在头发上送风，类似做空心卷筒。

9）刷吹（图 6-1-9）：用九行梳按发型要求和发丝流向梳通梳透，这是吹风造型中最后要做的，也是最出效果的一个环节。

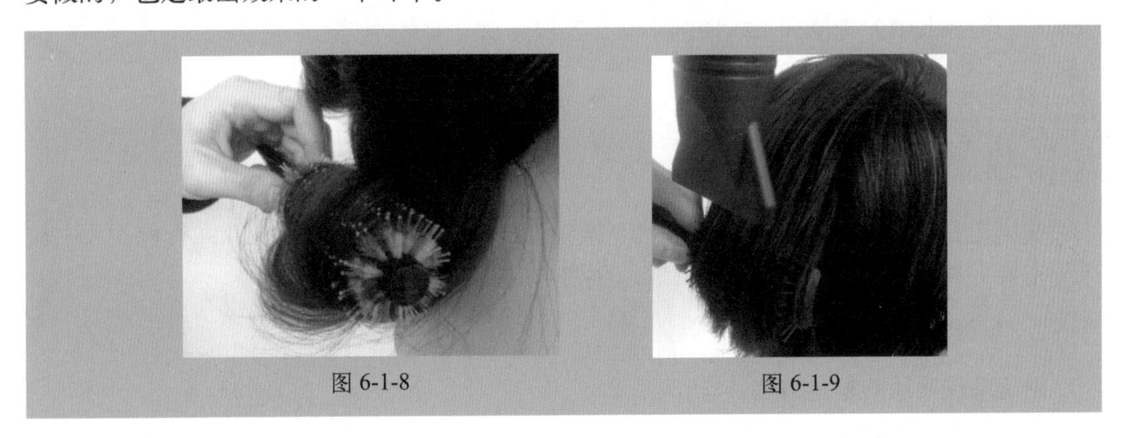

图 6-1-8　　图 6-1-9

知识拓展

使用吹风机的注意事项

吹风时，吹风机的使用也有一定的要求，运用不当会直接影响发型的质量。

1．正确掌握吹风机的送风角度

正确的送风方法是将吹风机斜侧着送风，送风口与头皮几乎平行或成 45°，使热风大部分都吹在头发上。

2．送风口与头皮之间应保持适当距离

距离必须掌握得十分恰当，一般可为 3 ~ 4 厘米。

3．正确控制送风时间

吹风时间过长容易把头发吹僵（又叫“吹老”），过短则效果不到位。

说一说

1．吹风的作用是什么？

2．使用吹风机的注意事项是什么？

练一练

练习吹风的基本方法。

任务 6.2 滚梳吹风的技巧

任务描述

在熟练掌握吹风的基本方法的基础上，灵活运用这些方法，练习提升滚梳吹风的技巧，分别达到饱满向前、饱满向后、向内平卷、发根蓬松等效果。

任务准备

1．工具准备

吹风造型常用的工具主要有吹风机、排骨、滚刷、小板梳、针尾梳、九行梳、大中梳子等主要工具，以及毛巾、围布、发胶、啫喱水、发乳、发油等辅助用品。

2．知识准备

熟练掌握吹风的基本方法。

任务实施

1）饱满向前，见图 6-2-1。

① 发片吹顺后 45° 提拉（根据需要调整角度）。

② 滚梳内斜 45° 在发片下面进梳。

③ 带紧张力，风口与发片成 30° 加热。

④ 吹风口配合滚梳将发尾送至内侧（风口与发片保持 30°），转动滚梳从发干卷到发尾，根据需要的卷度调整发卷的圈数与滚梳的角度。

2）饱满向后，见图 6-2-2。

① 发片吹顺后 75° 提拉（根据需要的落差可以调整角度）。

② 滚梳内斜 45° 在发片的下面进梳。

③ 滚梳与发片带紧张力，吹风口和角度成 30° 。

④ 吹风口配合滚梳将发尾送至内侧（风口与发片保持 30°），转动滚梳从发干卷到发尾，根据需要的卷度调整发卷的圈数与滚梳的角度。

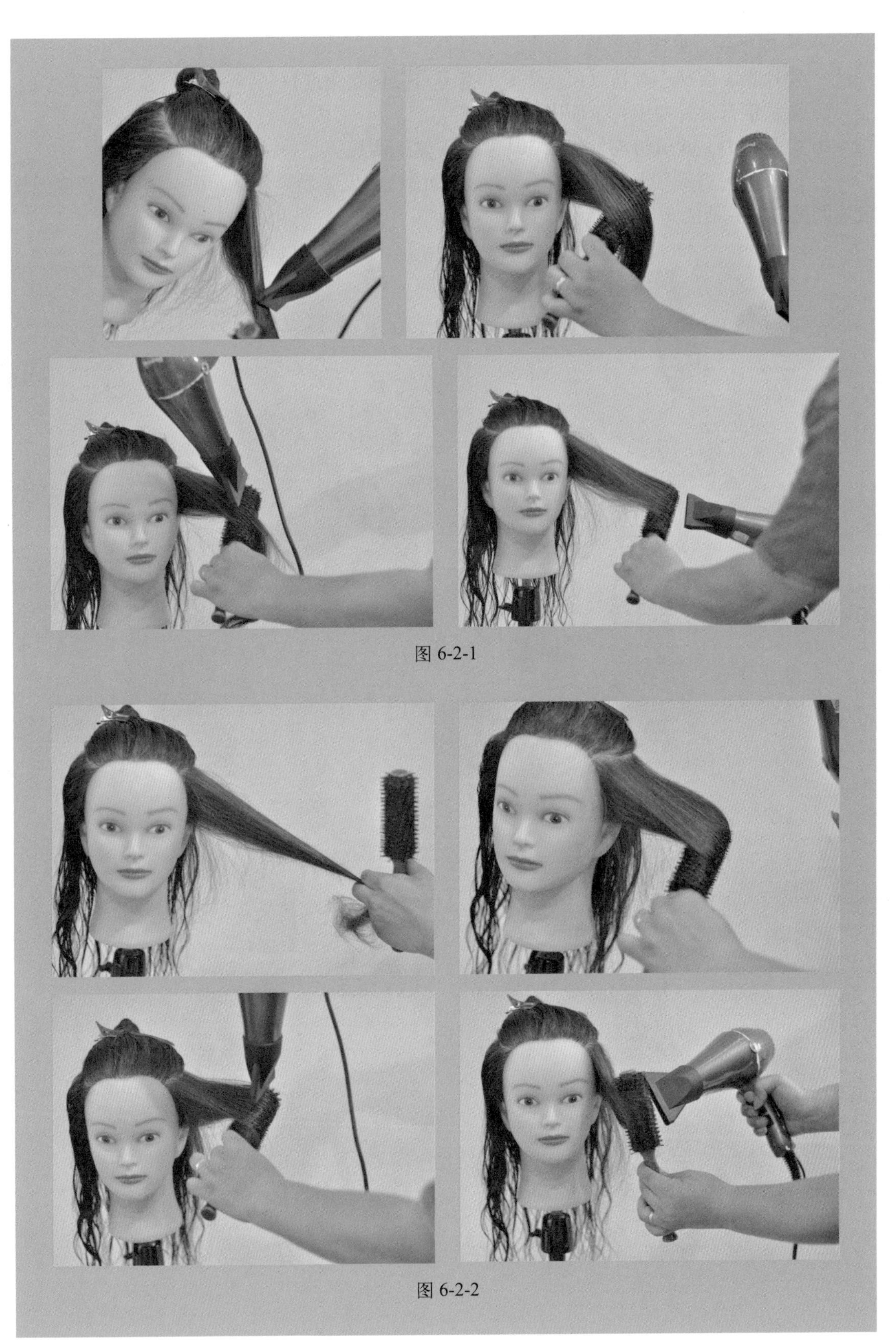

图 6-2-1

图 6-2-2

3）向内平卷，见图 6-2-3。

① 发片吹顺后 90° 提拉（根据需要的落差可以调整角度）。

② 滚梳平行发片在发片下面进梳。

③ 带紧张力，吹风口与发片成 30° 加热，转动滚梳。

④ 吹风口配合滚梳将发尾送至内侧，转动滚梳从发干卷到发尾，根据需要的卷度调整发卷的圈数与滚梳的角度。

图 6-2-3

4）发根蓬松，见图 6-2-4。

① 梳顺发片后垂直头皮提拉。

② 滚梳平行发片进梳，尽量接近发根。

③ 带紧张力，风口垂直发片加热。

④ 吹风口与发片保持 30°，加热发片的上面，同时滚梳向上提拉滑动。

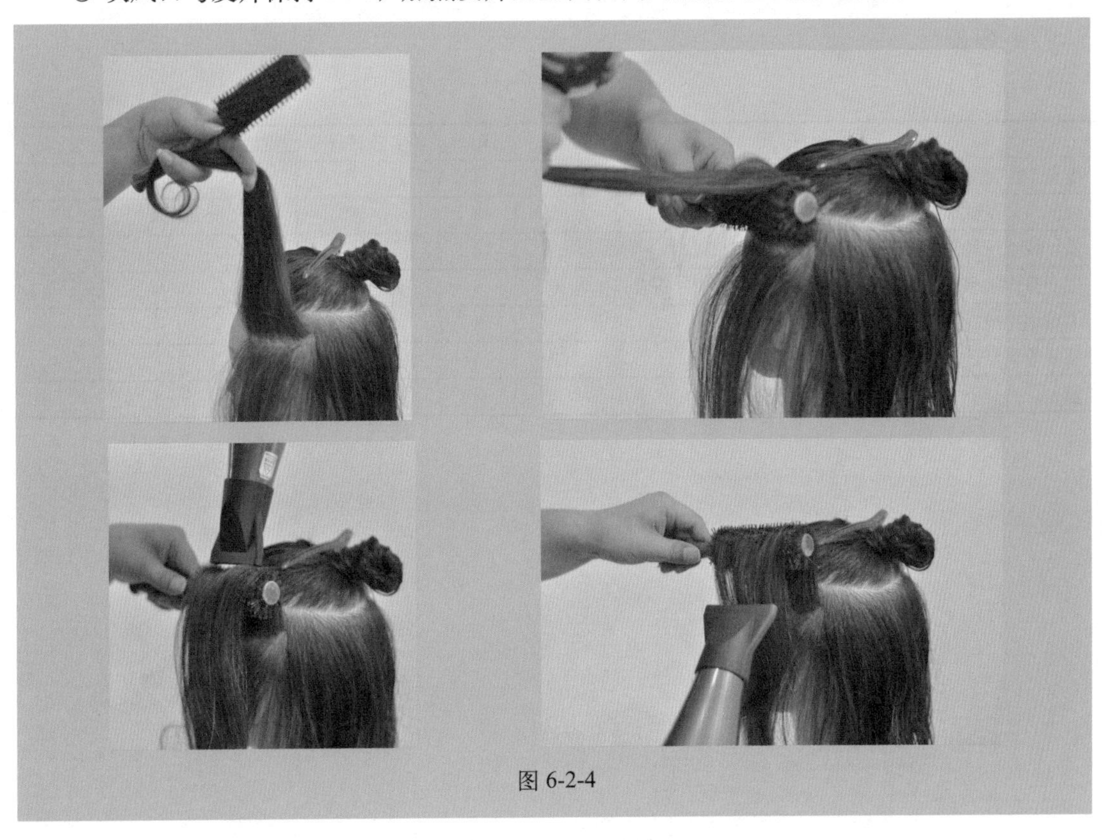

图 6-2-4

知识拓展

“根部不直立，尾部不飘逸”的含义

做吹风造型前头发的清洁非常重要，因为保持清洁的头发的发根是直立的。反之，头发太脏、太油腻，发根就会塌下去。只有清洁直立的发根，才会使发尾飘起来，产生飘逸的效果。这也就是所谓的“根部不直立，尾部不飘逸”。

说一说

吹风造型的步骤有哪些?

练一练

练习滚梳吹风的几种技巧。

评价标准	满分	学生自评得分	学生互评得分	教师评定得分
准备工作充分	3			
分区、分层吹风梳理，站立发根，拉顺发杆	8			
发丝较为流畅、亮泽、自然	8			
发型整体效果：轮廓饱满、配合头形和脸型、符合年龄特征	8			
准确地完成发型式样，美观大方	8			
整体效果好	5			
总分	40			

参 考 文 献

渡边诚．2012．初级美发培训教程（吹风造型）．赵虹，译．沈阳：辽宁科学技术出版社．
渡边诚．2012．初级美发培训教程（剪发）．李红梅，陶乌云，译．沈阳：辽宁科学技术出版社．
渡边诚．2012．初级美发培训教程（染发）．纪凤英，译．沈阳：辽宁科学技术出版社．
渡边诚．2012．初级美发培训教程（烫发）．王森，译．沈阳：辽宁科学技术出版社．
樊丽丽．2010．美发技术与美发店经营全攻略．北京：中国经济出版社．
耿兵．2007．毛发护理．上海：上海交通大学出版社．
黄源，周京红．2010．美发与造型．2版．北京：高等教育出版社．
蒋宝良．2013．染发基础教程．2版．沈阳：辽宁科学技术出版社．
徐莉．2012．发式形象设计．北京：中国纺织出版社．
张玲，张大奎．2013．烫发．北京：高等教育出版社．
祝重禧，归琰．2012．服饰与造型．2版．北京：高等教育出版社．
左娅．2004．形象设计．北京：高等教育出版社．

读者需求调查表

亲爱的读者朋友：

您好！为了提升我们图书出版工作的有效性，为您提供更好的图书产品和服务，我们进行此次关于读者需求的调研活动，恳请您在百忙之中予以协助，留下您宝贵的意见与建议！

个人信息

姓名：		出生年月：		学历：	
联系电话：		手机：		E－mail：	
工作单位：				职务：	
通讯地址：				邮编：	

1. 您感兴趣的科技类图书有哪些？

□自动化技术　□电工技术　□电力技术　□电子技术　□仪器仪表　□建筑电气

□其他（　　）以上各大类中您最关心的细分技术（如 PLC）是：（　　）

2. 您关注的图书类型有：

□技术手册　□产品手册　□基础入门　□产品应用　□产品设计　□维修维护

□技能培训　□技能技巧　□识图读图　□技术原理　□实操　□应用软件

□其他（　　）

3. 您最喜欢的图书叙述形式：

□问答型　□论述型　□实例型　□图文对照　□图表　□其他（　　）

4. 您最喜欢的图书开本：

□口袋本　□32 开　□B5　□16 开　□图册　□其他（　　）

5. 图书信息获得渠道：

□图书征订单　□图书目录　□书店查询　□书店广告　□网络书店　□专业网站

□专业杂志　□专业报纸　□专业会议　□朋友介绍　□其他（　　）

6. 购书途径：

□书店　□网站　□出版社　□单位集中采购　□其他（　　）

7. 您认为图书的合理价位是（元/册）：

手册（　　）　图册（　　）　技术应用（　　）　技能培训（　　）

基础入门（　　）　其他（　　）

8. 每年购书费用：

□100 元以下　□101～200 元　□201～300 元　□300 元以上

9. 您是否有本专业的写作计划？

□否　□是（具体情况：　　　）

非常感谢您对我们的支持，如果您还有什么问题欢迎和我们联系沟通！

地　　址：北京市西城区百万庄大街 22 号　机械工业出版社电工电子分社　邮编：100037

联 系 人：张俊红　联系电话：13520543780　传真：010－68326336

电子邮箱：buptzjh@163.com（可来信索取本表电子版）

编著图书推荐表

姓名：		出生年月：		职称/职务：		专业：	
单位：				E－mail：			
通讯地址：						邮政编码：	
联系电话：		研究方向及教学科目：					
个人简历（毕业院校、专业、从事过的以及正在从事的项目、发表过的论文）							
您近期的写作计划有：							
您推荐的国外原版图书有：							
您认为目前市场上最缺乏的图书及类型有：							

地址：北京市西城区百万庄大街22号　机械工业出版社电工电子分社

邮编：100037　网址：www. cmpbook. com

联系人：张俊红　电话：13520543780　010－68326336（传真）

E－mail：buptzjh@163. com（可来信索取本表电子版）